"十四五"职业教育国家规划教材

Illustrator
图形设计与案例应用
（第2版）

主　编　裴春录　罗　丽
副主编　古燕莹　李爱国
参　编　姜　旭　吉家进
　　　　侯克春　王　鹏

北京理工大学出版社
BEIJING INSTITUTE OF TECHNOLOGY PRESS

版权专有　侵权必究

图书在版编目(CIP)数据

Illustrator 图形设计与案例应用 / 裴春录，罗丽主编 . -- 2 版 . -- 北京：北京理工大学出版社，2021.10（2025.7 重印）

ISBN 978 - 7 - 5763 - 0481 - 7

Ⅰ . ①I… Ⅱ . ①裴… ②罗… Ⅲ . ①图形软件 – 教材 Ⅳ . ① TP391.412

中国版本图书馆 CIP 数据核字（2021）第 203540 号

责任编辑：张荣君	文案编辑：张荣君
责任校对：周瑞红	责任印制：边心超

出版发行	/ 北京理工大学出版社有限责任公司
社　　址	/ 北京市丰台区四合庄路 6 号
邮　　编	/ 100070
电　　话	/（010）68914026（教材售后服务热线）
	（010）63726648（课件资源服务热线）
网　　址	/ http：// www.bitpress.com.cn
版 印 次	/ 2025 年 7 月第 2 版第 5 次印刷
印　　刷	/ 定州启航印刷有限公司
开　　本	/ 889 mm × 1194 mm　1 / 16
印　　张	/ 10.25
字　　数	/ 190 千字
定　　价	/ 36.00 元

图书出现印装质量问题，请拨打售后服务热线，负责调换

前言 PREFACE

本书是首批"十四五"职业教育国家规划教材，也是2023年职业教育国家在线精品课程"Illustrator图形设计"的配套教材，适用于界面设计与制作、数字影像技术等职业教育文化艺术类专业教学。本书通过标志设计、卡片设计、DM设计等8个项目案例学习，培养平面设计岗位知识与核心技能，提升学生用画面语言讲好中国故事的社会责任感，落实立德树人根本任务与专业人才培养目标。

教材更新——书证融通，对接职业教育新专业教学标准。教材2014年首次出版。在2021年第2版中更新了4个单元的项目案例，精简了整体篇幅。2024年进行了再次修订。第一，优化单元结构，突出项目属性与项目流程。第二，将"技能拓展"调整为"关键技能手册"，方便查阅并深入理解知识技能。第三，增设单元"项目总结"，总结关键技术点并提出后续学习建议；设置"知行讲堂"栏目，提炼学习内容，将思政元素有机融入。经过多次修订，进一步突出了岗课衔接，提升了教材的适用性，融入1+X证书标准，适用"界面设计与制作"职业教育新专业2025版教学标准。

编写理念——标准引领，符合学生学习成长规律。教材对接界面设计与制作、数字影像技术等艺术设计类相邻专业教学标准，遵循工作过程导向的教学理念，采用项目案例的形式，通过项目实战→项目总结→项目拓展→单元考核的教学设计，提升学生岗位职业技能，并结合岗位职业素养培养，落实课程思政，贯彻落实立德树人的根本任务。教材对标1+X界面设计职业技能等级证书（初级）标准，符合"工艺美术与创意设计专业人员"职业标准与"平面设计"岗位技能要求，采取项目化的形式构建学习内容，引入企业真实案例，产教融合，校企双元。依照岗位工作流程，反映真实工作任务，符合学生的认知规律，能够有效培养学生的职业能力。

内容设计——项目驱动，呈现岗位典型工作任务。教材框架结构清晰，依据平面设计岗位典型工作任务类别采用项目的形式进行编排，涵盖矢量标志设计、卡片设计、DM设计、卡通形象设计、包装设计、图书封面设计、海报设计、报刊杂志设计，共计8个平面设计岗位典型的图形设计相关工作任务，16个项目案例。在案例项目的安排上，内容由浅入深、由易到难，注重实践教学环节，强化实践技能训练，层层递进。从简单的矢量标志开始一直到包装设计、海报设计等，每个项目案例都有新的提升点。教材内容编排合理、学习任务与生产实际应用结合紧密、项目任务特色显著，能够有效促进专业三教改革。各单元中，按照"引入项目任务——项目背景介绍——关键技术点分析——制作标准分析——制作流程分析——项目实施制作——工具技能拓展——实战演练作业"的思路进行编排。随着案例学习的逐步深入，学生操作技能也不断随之提高，力争掌握项目案例中全部的知识点与关键技能点，并以实例的方式对项目操作进行总结拓展与考核，进一步提升学习者技能水平，巩固学习成果。

配套资源——精品课程，支持线上线下混合式学习。为每个单元开发"项目任务资源包"，配套单元学习指导书与习题库。教材配套课程入选国家在线精品课程，连续开课10期，持续对社会学员开放。校内外学生可以随时加入课程学习，获取学习资源与教师指导，有效支撑混合式学习。创建试卷库，采用客观题加实操题的线上考试形式，充分发挥平台数据统计与AI分析优势，及时掌握学生学习效果。

版式设计——数纸一体，凸显艺术设计专业特色。本教材版式设计采用A4版式排版，全彩印刷，内容呈现以文、图、表结合为主要版式设计风格，层级清晰、条例有序，文字简洁，呈现形式能调动学生的学习积极性。教材风格选择、版式设计与制作水准符合艺术设计类专业特性，各单位、数据格式按照国际标准和图书出版标准，规范、科学。同时，教材配套建设的在线课程在国家职业教育智慧教育平台发布。课程创建了以学生为中心的页面导航信息，页面布局简洁合理，便于学生阅读、学习，页面内容包括配套教材、课程介绍、教学团队、相关教材、相关职业类证书等信息，整体设计符合学生学习认知习惯与艺术设计类专业特点。

编写团队——结构合理，教材开发经验丰富能力强。本书编写团队联合了职业院校一线教师、高校教师、教学研究人员、行业专家等。编写团队有丰富的教学经验与行业经验，主持、参与多项国家级、市级课题与研究项目，编写多本国家级高水平教材。北京教育科学研究院古燕莹老师、北京联合大学应用科技学院李爱国副院长、798文创园区艺术总监、北京信息职业技术学院数字艺术学院姜旭院长、资深行业专家吉家进老师深度参与了本书的编写与配套资源的开发。本书在编写过程中，还借鉴和参考了同行们相关的研究成果和文献，从中得到了不少教益和启发，在此一并表示衷心的感谢！

由于编者水平有限，难免存在错误或不妥之处，敬请广大读者批评指正！

编　者

目录 CONTENTS

项目1　标志设计
1.1　机动车实习警示标志设计 …………………… 3
1.2　技能拓展 …………………………………… 7
1.3　实战演练 …………………………………… 12

项目2　卡片设计
2.1　名片设计 …………………………………… 15
2.2　技能拓展 …………………………………… 23
2.3　实战演练 …………………………………… 30

项目3　DM单设计
3.1　家具卖场DM单设计 ………………………… 33
3.2　技能拓展 …………………………………… 39
3.3　实战演练 …………………………………… 43

项目4　卡通形象设计
4.1　卡通形象设计 ……………………………… 47
4.2　技能拓展 …………………………………… 60
4.3　实战演练 …………………………………… 66

项目5　包装设计

5.1　光盘包装设计 …………………………………… 69

5.2　技能拓展 …………………………………………… 78

5.3　实战演练 …………………………………………… 90

项目6　图书封面设计

6.1　Illustrator 校本教材封面设计 …………………… 93

6.2　技能拓展 …………………………………………… 105

6.3　实战演练 …………………………………………… 110

项目7　海报设计

7.1　商场促销海报设计 ………………………………… 115

7.2　技能拓展 …………………………………………… 120

7.3　实战演练 …………………………………………… 128

项目8　报刊杂志广告设计

8.1　楼盘广告设计 ……………………………………… 131

8.2　技能拓展 …………………………………………… 139

8.3　实战演练 …………………………………………… 144

项目1

标志设计

[1]

[1]

○ **本项目需要学习什么?**

◇ 标志设计相关岗位知识
◇ "机动车实习警示标志"设计制作
◇ 案例中采用的Illustrator选择工具与路径工具的使用技法
◇ 警示标志的作用是提醒人们必须遵守交通规则，时刻要有安全意识。警示标志也是社会道德、社会秩序的一种表现。通过案例的学习，培养遵守规则、文明出行的社会责任

○ **如何学习好本项目的内容?**

◇ 矢量标志在现实生活中随处可见，如企业标志、品牌标志、警示标志等。在学习本项目前，同学们可以通过报刊、互联网等媒介搜集感兴趣的标志设计并带到课堂上，然后分成学习小组，在小组中一起欣赏、分享各自的成果。还可以就标志的内容、色彩搭配、尺寸规格等大家感兴趣的问题进行讨论。
◇ 通过已掌握的学习资源，预习Illustrator选择工具与路径工具的使用技法，以加深对案例中相关操作的理解。同时认真完成制作案例与拓展案例。

1.1 机动车实习警示标志设计

项目背景介绍

该标志为机动车实习警示标志,是驾驶员在实习期内驾驶机动车时使用的一种标志,起到警示行人或者其他机动车驾驶员的作用。要求颜色与尺寸规格完全符合"实习"标志规格。

关键技术点

- 使用路径工具完成基本形状的绘制
- 使用钢笔工具完成锚点编辑
- 使用填色与描边功能为主体图形上色
- 使用文字工具添加必要的文字
- 使用对齐调板完成图形组合,形成最终效果

1.1.1 项目实施分析

1. 制作标准分析

本案例制作的是汽车上使用的实习警示标志,其主体部分的圆形尺寸为160mm×160mm,即比例为1∶1,再加上上部的图形高度为30mm,所以其整体尺寸应该是160mm×190mm。其中上部图形有一个圆孔,其尺寸为5mm×5mm。其他设计要求如下:

(1)本案例采用的颜色及色值如图1-1所示。

(a) (b)

图1-1

(a)主色(C:0 M:88 Y:90 K:0);(b)配色(C:0 M:0 Y:100 K:0)

（2）"实习"两字为250pt的隶书，如图1-2所示。

图1-2

2．主要制作流程

（1）认真理解客户的制作要求，做好设备、素材的准备工作。

（2）新建空白文档，按照要求设置好描边与填充颜色。

（3）绘制圆形，并编辑锚点，绘制主题图形。

（4）添加衬底红色与黄色同心圆形图案。

（5）添加文字设计。

（6）保存工程文件，导出JPG格式的效果预览图，交付客户审阅。

1.1.2　项目实施制作

01 按Ctrl+N组合键新建一个文件，并设置相应的参数，如图1-3所示；单击"确定"按钮，以创建一个新的空白文件，如图1-4所示。

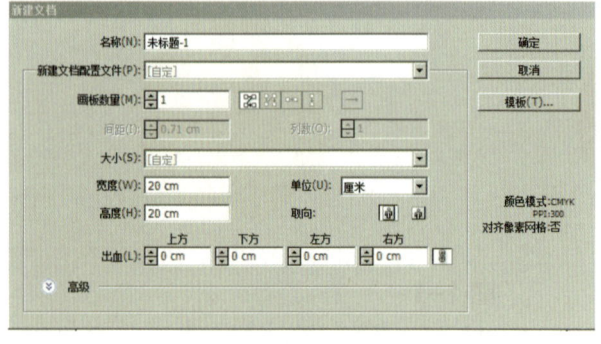

图1-3　　　　　图1-4

02 以前景色的白色为背景，在默认图层上新建一个图层（之所以新建图层，是为了在图形需要修改或保存为其他格式时方便提炼和选取），并进行标志的绘制，如图1-5所示；选中"图层2"，选择工具栏中的"椭圆工具" ，按Shift+F6组合键，启动"外观"面板，选择并设置填充颜色为橙红色，描边颜色为黄色，并设置描边的数值为6pt，如图1-6所示。

图1-5 　　　　　　　　图1-6

03 选择好颜色并调整好参数后，开始绘制图形，按住"Shift"键，绘制一个正圆形状，位置在画面的中心稍偏下的位置，选择"选择工具" ，将其缩小并移动，如图1-7所示。

图1-7

04 调整圆形，使之变换为理想的形状。将工具栏中的"钢笔工具" 转换为"转换锚点工具" ，在圆形上方的锚点上单击，形状如图1-8所示，转动锚点，出现手柄形状，如图1-9所示。

图1-8 　　　　　　　　图1-9

05 选择"选择工具" ，按住"Ctrl"键，将圆的上半部分拉长并调整，如图1-10所示；按住"Shift"键，新建一个圆形，颜色和参数的设置与外轮廓的瓜子形一致，放置在瓜子形的下部，底部的黄色描线重合为一条，使用"选择工具" 反复调整，如图1-11所示。

图1-10 　　　　　　　图1-11

06 绘制"实习"二字的背景为黄色圆形，方法同上。打开"外观"面板，颜色和参数的设置如图 1-12 所示；将绘制的黄色圆形放置在图标中心的位置，如图 1-13 所示。

图 1-12 　　　　　　　　　　　图 1-13

07 选择"文字工具"，在图形旁边的空白处输入"实习"二字，如图 1-14 所示，在菜单栏中将字符的字体设置成隶书，并调整字体的颜色和参数，如图 1-15 所示；运用"选择工具"反复调整，调整后的结果如图 1-16 所示；最后在实习标志的上方画上白色的圆形，如图 1-17 所示。

图 1-14 　　　　图 1-15 　　　　图 1-16 　　　　图 1-17

1.2 技能拓展

通过前面的实战环节可以发现，为了完成本案例的机动车实习警示标志，主要使用了选择工具与路径工具。其中涉及钢笔、文字、线段、形状等多种工具的运用。使用这些简单的工具能够完成大量的图形绘制。下面结合本案例来具体学习一下 Illustrator 相关工具的使用方法。

1.2.1 路径

路径通常是指存在于多种计算机图形设计软件中的以贝塞尔曲线为理论基础的区域绘制方式，绘制时产生的线条称为路径。

路径由一条或多条直线段或曲线段组成，如图 1-18 所示。线段的起始点和结束点由锚点标记，就像用于固定线的针。通过编辑路径的锚点，可以改变路径的形状。可以通过拖拽方向线末尾的方向点来控制曲线。路径可以是开放的，也可以是闭合的。

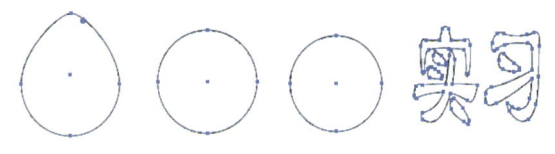

图 1-18

需要注意的是，在 Photoshop、Illustrator、CorelDraw、Flash、Firework、Indesign 等设计软件中都有路径工具，它们的功能不尽相同，但使用方法大致相同。

1. 路径选择工具

"选择工具" 用来选择指定的图形对象，可以实现移动和旋转操作。使用"选择工具"双击群组对象，可以进入该群组，对某一独立对象进行选择操作。

选择工具是选择整个图形，"直接选择工具" 是选择单个锚点或线段。

"魔棒工具" 就是一种选择工具，Photoshop 中的魔棒工具可以选中位图中类似的颜色区域，但 Illustrator 魔棒工具只是针对矢量图的（如果对象是图片，那么就无法选中）。双击魔棒工具，就会弹出对话框，可以选择填充色或描边色等。

"套索工具" 在套索穿越多个图形对象时可以实现多选。

2. 路径编辑工具

路径编辑工具主要包括钢笔工具、文字工具、线段工具、形状工具、铅笔工具、画笔工具。

下面结合本次案例重点介绍钢笔工具、文字工具、线段工具、形状工具的使用技巧。

1.2.2 钢笔工具

钢笔工具（见图 1-19）在绘图软件中是用来创造路径的工具，创建路径后，还可对路径进行编辑。钢笔工具属于矢量绘图工具，其优点是可以绘制平滑的曲线，在缩放或者变形之后仍能保持平滑效果。使用钢笔工具画出来的矢量图形称为路径。

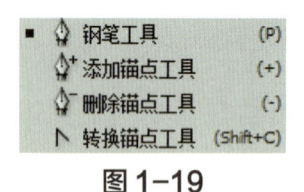

图 1-19

使用"钢笔工具"在画布上直接单击创建直角路径，单击并拖拽可创建贝塞尔曲线，如图 1-20 所示。

使用"删除锚点工具"单击路径上的锚点，可以移除锚点，如图 1-21 所示。

使用"添加锚点工具"在路径上单击就能增加锚点，如图 1-22 所示。

使用"转换锚点工具"单击并拖拽可转为贝塞尔锚点，再次单击即转化为普通锚点，如图 1-23 所示。

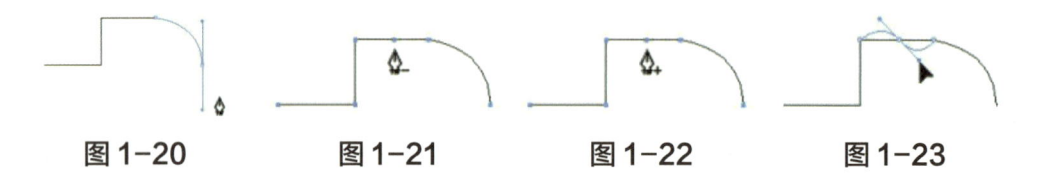

图 1-20　　图 1-21　　图 1-22　　图 1-23

1.2.3 文字工具

文字工具菜单如图 1-24 所示。

使用"文字工具"可以在画布上单击创建文字。拖拽或单击一个闭合路径就可以创建段落文字。

选择"区域文字工具"，单击一个闭合路径可创建段落文字，并且使文字限制在闭合路径内。

选择"路径文字工具"，单击路径可使文字沿着路径走。

选择"直排文字工具"，在画布上单击可以创建直排文字。

选择"直排区域文字工具"，单击一个闭合路径，可使直排文字限制在闭合路径内。

图 1-24

选择"直排路径文字工具"，单击路径可使直排文字沿着路径走。

1.2.4 线段工具

线段工具组主要包括直线段工具、弧形工具、螺旋线工具、矩形网格工具和极坐标网格工具，如图 1-25 所示。

选择工具箱中的"直线段工具"，在画布中按住鼠标左键并拖拽，然后释放鼠标左键，绘制即结束。如果需要绘制水平、垂直或 45°的直线，那么按住"Shift"键和鼠标左键并拖拽即可。

选择"直线段工具"，在画布中单击，弹出"直线段工具选项"对话框，如图 1-26 所示，可以实现精确绘制。

其他线段工具与形状工具也可以这样实现精确绘制。

选择工具箱中的"弧形工具"，在画布中按住鼠标左键并随意拖拽，释放鼠标左键即可绘制出一条弧线。可以通过如图 1-27 所示的对话框实现精确绘制。

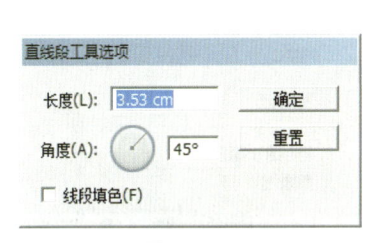

图 1-25

图 1-26

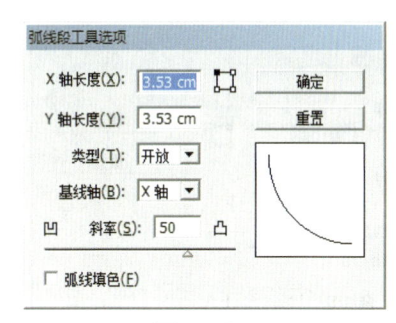

图 1-27

操作技巧如下：

（1）在不松开鼠标左键的状态下，按"↓"键或"↑"键，可以减小或增大弧形的凹面斜率，从而可以调整弧线的弧度。

（2）按"X"键可以翻转弧度的方向。再次按"X"键可以将弧度的位置再次翻转。

（3）按"C"键可以将绘制的弧线闭合，形成一个扇形，再次按"C"键可以将闭合的弧线打开。

（4）按住"Shift"键可以画出等比例的弧线。

使用"螺旋线工具"可以根据设置的选项数值产生螺旋状的图形，如图 1-28 所示。选择"螺旋线工具"，在画布中按住鼠标左键并拖拽，释放鼠标左键即可绘制出一条螺旋线。

操作技巧如下：

（1）在保持按下鼠标左键的状态下，按"↓"键或"↑"键可以减少或增加螺旋线的段数。

（2）按"Ctrl"键的同时拖拽鼠标，可以调整螺旋线的衰减。

（3）按"R"键可以调整螺旋线旋转的方向。

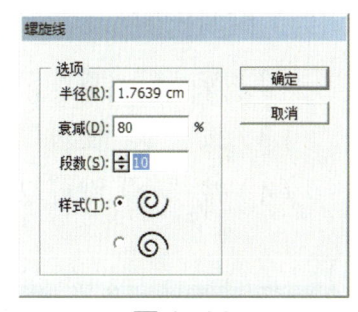

图 1-28

"矩形网格工具"实质上是在一个矩形中添加了一些线条，将其分为多个网格。选择工具箱中的"矩形网格工具"，随意拖拽鼠标，即可在画布中画出一个矩形网格，矩形网格的形状和大小由拖拽鼠标的方向和幅度决定。可以通过如图1-29所示的对话框实现精确绘制。

操作技巧如下：

（1）按"↓"键使水平分隔线的数目减少；按"↑"键使水平分隔线的数目增加。

（2）按"←"键使垂直分隔线的数目减少；按"→"键使垂直分隔线的数目增加。

（3）按"X"键或"C"键可以设置垂直分隔线的斜率。

（4）按"F"键或"V"键可以调整水平分隔线的斜率。

选择工具箱中的"极坐标网格工具"，随意拖拽鼠标，即可在画布中画出一个极坐标网格，极坐标网格的形状和大小由拖拽鼠标的方向和幅度决定。可以通过如图1-30所示的对话框实现精确绘制。

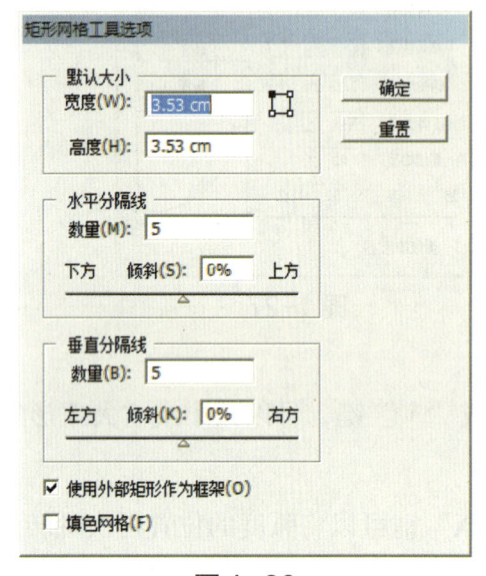

图 1-29

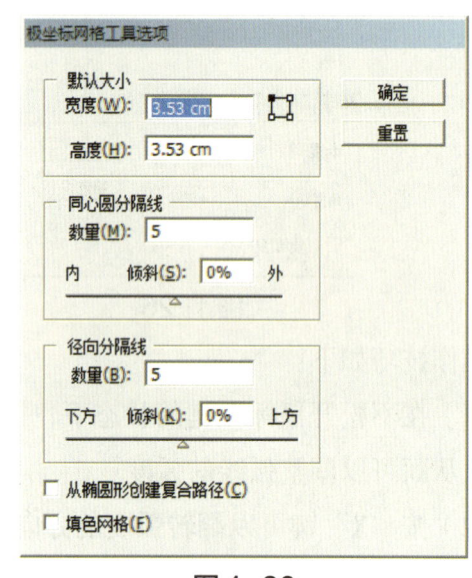

图 1-30

操作技巧如下：

（1）在不松开鼠标左键的状态下，按"C"键或"X"键可以调整同心圆分隔线向外或向内的倾斜比例。

（2）按"F"键或"V"键可以调整放射线，倾向于网格顺时针或逆时针的比例。

（3）按"↓"键可以减少同心圆分隔线数目；按"↑"键可以增加同心圆分隔线数目。

（4）按"→"键可以增加放射分隔线的数目；按"←"键可以减少放射分隔线的数目。

1.2.5　形状工具

使用如图1-31所示的基本形状工具组可以绘制矩形、圆形等常用的基本形状。

图 1-31

操作技巧如下：

（1）对于圆角矩形工具，按"↓"键可以减少圆角半径；按"↑"键可以增加圆角半径

（2）对于多边形工具与星形工具，按"↓"键可以减少边数；按"↑"键可以增加边数。

1.3 实战演练

请结合机动车实习警示标志的设计方法，运用相关技能，制作如图 1-32 所示的注意安全警示标志。

图 1-32

[提示] 在案例制作过程中，要注意"描边"面板的使用，如图 1-33 所示。

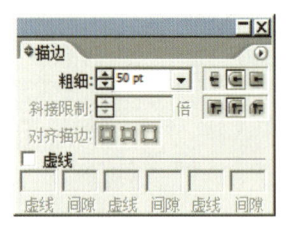

图 1-33

项目2
卡片设计

2

本项目需要学习什么?

◇ 卡片设计,特别是名片设计的相关知识

◇ "公司员工名片"的设计制作

◇ 案例中采用的标尺、网格、参考线以及渐变填充等工具的使用技法

◇ 通过企业名片案例的学习,引导学习者树立精益求精、严谨负责的职业道德观;通过规范尺寸、出血线等行业标准,阐述了实践的重要性,教导学习者从实践中寻找答案

如何学习好本项目的内容?

◇ 卡片中的名片在日常生活中随处可见,尤其是个人名片,它是社会人表达自己的一种方式,也是人们社交的基本方式。在学习本项目前,同学们可以搜集各种名片并带到课堂上,然后分成学习小组,在小组中一起欣赏、分享各自的成果,并可以就卡片设计的内容、色彩搭配、尺寸规格等大家感兴趣的问题进行讨论。

◇ 通过已掌握的学习资源,预习Illustrator选择工具与路径工具的使用技法,以加深对案例中相关操作的理解。同时认真完成制作案例与拓展案例。

2.1 名片设计

项目背景介绍

设计公司员工名片，要求色调淡雅，层次丰富，版面设计简洁，具有行业特点，并满足后期印刷要求。尺寸规格为50mm×90mm，横版设计。

关键技术点

- 使用"路径偏移"命令，正确建立出血线
- 使用矩形工具完成基本形状的绘制
- 使用钢笔工具绘制各种形状路径
- 使用填色与描边功能为图形上色
- 使用文字工具添加必要的文字
- 使用参考线精确定位各种对象

2.1.1 项目实施分析

1. 制作标准分析

本案例制作的是企业名片。本案例需要使用企业标志素材，在制作后期导入到名片当中，体现企业的特点。具体要求如下：

（1）名片的主色为蓝色（C: 100 M: 100 Y: 0 K: 0），配色为白色（C: 0 M: 0 Y: 0 K: 0），如图2-1所示。

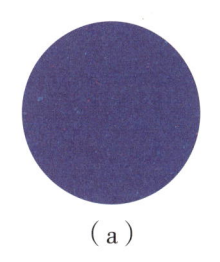

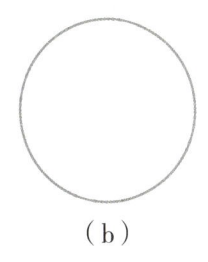

（a）　　　　　　　　　　（b）

图2-1

（a）主色（C: 100 M: 100 Y: 0 K: 0);（b）配色（C: 0 M: 0 Y: 100 K: 0)

（2）中文字体为"方正姚体"，英文字体为"Adobe 宋体 Std L"。

（3）尺寸为 90mm×50mm（横板设计），宽度增加 6mm 出血，高度增加 6mm 出血，如图 2-2 所示。

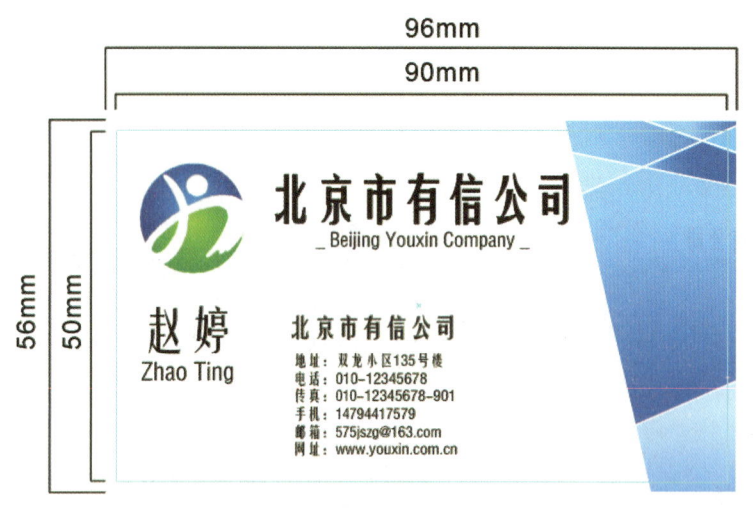

图 2-2

2. 制作主要流程

（1）认真理解客户的制作要求，做好设备、素材的准备工作。

（2）新建空白文档，绘制整体轮廓并添加出血线。

（3）创建名片正面图案，填充颜色并描边。

（4）添加正面说明，并添加企业标志，完成正面设计。

（5）绘制名片背面图案，填充颜色并添加文字。

（6）保存工程文件，导出 JPG 格式的效果预览图，交付客户审阅。

2.1.2 项目实施制作

01 按 Ctrl+N 组合键打开"新建文档"对话框，设置参数如图 2-3 所示，宽度 130mm，高度 170mm，方向为纵向，单位为 mm，单击"确定"按钮，以创建一个新的空白文件。

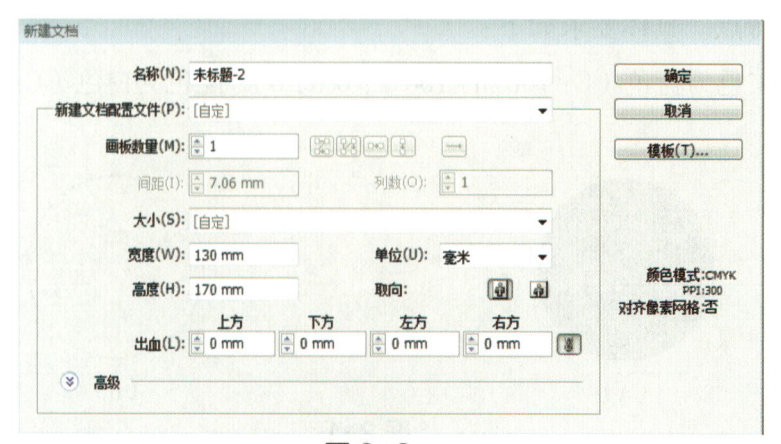

图 2-3

项目2 卡片设计 17

02 选择"矩形工具" ▢，建立一个同画布大小的矩形，如图2-4所示，在菜单栏中设置填充色为黑色，无描边；执行"窗口"→"对齐"命令，弹出"对齐"面板，在该面板中单击"水平居中对齐"按钮 和"垂直居中对齐"按钮，使得新建立的矩形与画布对齐，如图2-5所示。

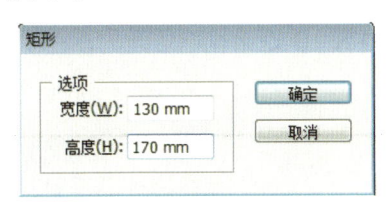

图 2-4

图 2-5

03 在默认图层上新建一个图层，并重新命名为"正面"，如图2-6所示；选择"矩形工具" ▢，建立一个大小为90mm×50mm的矩形，填充白色，无描边，如图2-7所示。

图 2-6

图 2-7

04 执行"对象"→"路径"→"偏移路径"命令，弹出"位移路径"对话框，并设置参数，如图2-8所示；选择90mm×50mm的矩形并单击，在快捷菜单中选择"建立参考线"命令，效果如图2-9所示。

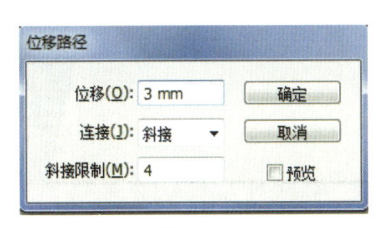

图 2-8

图 2-9

05 选择"钢笔工具" ✎，绘制如图2-10所示的路径，并设置填充色为C：37 M：0 Y：0 K：0，白色描边，描边粗细为0.5pt。

06 选择"钢笔工具" ✎，绘制如图2-11所示增加的路径，并填充渐变色，第一滑块为（C：32 M：2.43 Y：0 K：0），第二滑块为（C：64 M：11.76 Y：0 K：0），滑块位置为，白色描边，描边粗细为0.5pt。

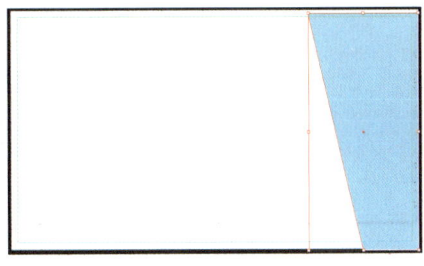

图 2-10

图 2-11

07 选择"钢笔工具" ，绘制如图 2-12 所示的路径，并填充渐变色，第一滑块为（C：54.55 M：2.43 Y：0 K：0），第二滑块为（C：85 M：50 Y：0 K：0），滑块位置为 ，白色描边，描边粗细为 0.5pt。

08 选择"钢笔工具" ，绘制如图 2-13 所示的路径，并填充渐变色，第一滑块为（C：54.55 M：2.43 Y：0 K：0），第二滑块为（C：85 M：50 Y：0 K：0），滑块位置为 ，白色描边，描边粗细为 0.5pt。

图 2-12 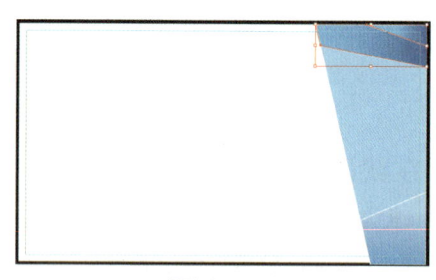　　　　　　　　　　　　图 2-13

09 选择"钢笔工具" ，绘制如图 2-14 所示的路径，并填充渐变色，第一滑块为（C：54.55 M：2.43 Y：0 K：0），第二滑块为（C：85 M：50 Y：0 K：0），滑块位置为 ，白色描边，描边粗细为 0.5pt。

10 选择"钢笔工具" ，绘制如图 2-15 所示的路径，并设置填充色（C：63 M：0 Y：0 K：0），白色描边，描边粗细为 0.5pt。

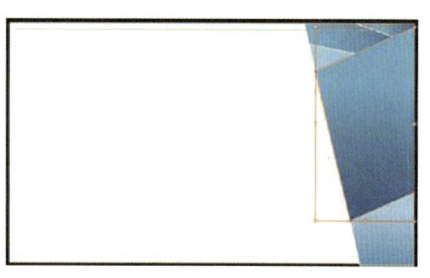

图 2-14 　　　　　　　　　　　　图 2-15

11 选择"钢笔工具" ，绘制如图 2-16 所示的路径，并填充渐变色，第一滑块为（C：54.55 M：2.43 Y：0 K：0），第二滑块为（C：85 M：50 Y：0 K：0），滑块位置为 ，白色描边，描边粗细为 0.5pt。

12 选中所有使用"钢笔工具"所绘制的路径，按 Ctrl+G 组合键进行编组，如图 2-17 所示；将 90mm×50mm 的矩形路径复制一层，并置于顶层，如图 2-18 所示。

图 2-16 　　　　　　　　　　　　图 2-17

13 选中顶层矩形路径与编组路径，按 Ctrl+7 组合键建立剪切蒙版，效果如图 2-19 所示；选择"文字工具" T ，打开文字素材文件，在画布中添加与素材中相同的文字，正面所有字体为"方正姚体 –GBK"；上方的"北京市有信公司"字号大小为 21pt，填充颜色为黑色，描边颜色为黑色，描边大小为 0.5pt；"Beijing Youxin Company"字号大小为 8pt，填充颜色为黑色，无描边；下方的"北京市有信公司"字号大小为 10pt，填充颜色为黑色，描边颜色为黑色，描边大小为 0.25pt；"地址：双龙小区 135 号楼……网址：www.youxin.com.cn"字号大小为 6pt，填充颜色为黑色，无描边；"赵婷"字号大小为 20pt，填充颜色为黑色，无描边；"Zhao Ting"字号大小为 10pt，填充颜色为黑色，无描边，如图 2-20 所示。

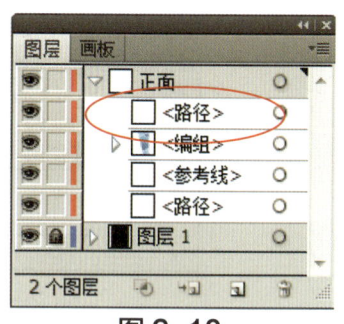

图 2-18

图 2-19

图 2-20

14 执行"文件"→"置入"命令，置入素材"公司标志.png"，如图 2-21 所示；成功置入素材后，按住"Shift"键的同时拖拽鼠标，以保持素材的比例不变，缩放至适当大小，并放置于适当的位置，完成效果如图 2-22 所示。

图 2-21

图 2-22

15 在"正面"图层上新建一个图层，并重新命名为"反面"，如图 2-23 所示；选择"矩形工具" □ 建立一个大小为 90mm×50mm 的矩形，如图 2-24 所示。

图2-23 　　　　　　　　　　　　　图2-24

16 执行"对象"→"路径"→"偏移路径"命令，弹出"位移路径"对话框，并设置参数如图2-8所示。选择90mm×50mm的矩形并单击鼠标右键，在快捷菜单中选择"建立参考线"命令，如图2-9所示。

17 选择"钢笔工具"，绘制如图2-25所示的路径，并填充渐变色，第一滑块为（C：54.55 M：2.43 Y：0 K：0），第二滑块为（C：70 M：20.39 Y：3.53 K：0），滑块位置为 ，白色描边，描边粗细为0.5pt。

18 选择"钢笔工具"，绘制如图2-26所示的路径，并填充渐变色，第一滑块为（C：54.55 M：2.43 Y：0 K：0），第二滑块为（C：70 M：25 Y：3.53 K：28），滑块位置为 ，白色描边，描边粗细为0.5pt。

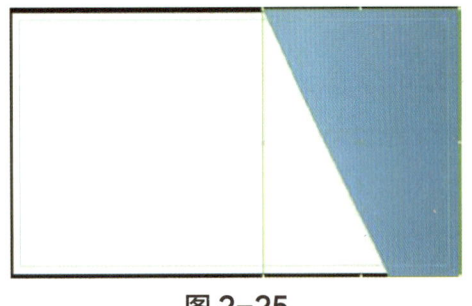

图2-25 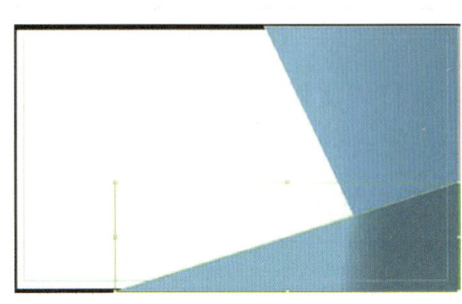　　　　　　　　　　　　　图2-26

19 选择"钢笔工具"，绘制如图2-27所示的路径，并填充渐变色，第一滑块为（C：85 M：36 Y：0 K：0），第二滑块为（C：89.8 M：61.57 Y：18.04 K：0），滑块位置为 ，白色描边，描边粗细为0.5pt。

20 选择"钢笔工具"，绘制如图2-28所示的路径，并填充渐变色，第一滑块为（C：65 M：9 Y：0 K：0），第二滑块为（C：70 M：15 Y：0 K：0），第三滑块为（C：85 M：50 Y：0 K：6），白色描边，描边粗细为0.5pt。

图2-27 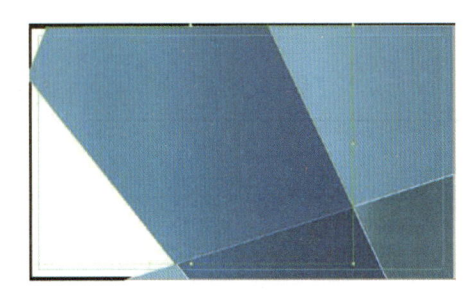　　　　　　　　　　　　　图2-28

21 选择"钢笔工具" ，绘制如图 2-29 所示的路径，并设置填充色（C：65 M：14 Y：0 K：3），白色描边，描边粗细为 0.5pt。

22 选择"钢笔工具" ，绘制如图 2-30 所示的路径，并设置填充色（C：70 M：22 Y：0 K：0），蓝色描边，描边粗细为 0.5pt。

图 2-29 　　　　　　　　　　　　　图 2-30

23 选中所有使用"钢笔工具"所绘制的路径，按 Ctrl+G 组合键进行编组，如图 2-31 所示；将 90mm×50mm 的矩形路径复制一层，并置于顶层，如图 2-32 所示。

24 选中顶层矩形路径与编组路径，按 Ctrl+7 组合键建立剪切蒙版，如图 2-33 所示；选择"文字工具" ，打开文字素材文件，在画布中添加与素材中相同的文字，反面所有字体为"方正姚体 -GBK"；"北京市有信公司"字号大小为 21pt，填充颜色为白色，描边颜色为白色，描边大小为 0.5pt；上方"Beijing Youxin Company"字号大小为 8pt，填充颜色为白色，无描边；下方"Beijing Youxin Company"字号大小为 10pt，填充颜色为白色，描边颜色为白色，描边大小为 0.25pt；"Add：Double Dragon 135th...Http：www.youxin.com.cn"字号大小为 6pt，填充颜色为白色，无描边；"Zhao Ting"字号大小为 11pt，填充颜色为白色，无描边，如图 2-34 所示。

图 2-31 　　　　　　　　　　　　　图 2-32

图 2-33 　　　　　　　　　　　　　图 2-34

25 执行"文件"→"置入"命令，置入素材"公司标志 .png"，如图 2-35 所示（置入素材时，取消选中"链接"复选框；成功置入素材后，按住"Shift"键的同时拖拽鼠标，以保持素材的比例不变，缩放至适当大小，并放置于适当的位置，完成效果如图 2-36 所示。

图 2-35

图 2-36

2.2 技能拓展

在前面名片制作的实战环节，使用了参考线操作（标尺建立、改色、路径偏移建立方法、智能参考线等）、"信息"面板（图形对象基本信息查看）、"变换"面板（图形对象规格变化）、渐变填色功能的运用（渐变工具、"渐变"面板）等。下面就结合本节案例具体学习一下相关的 Illustrator 操作知识。

2.2.1 标尺

在默认设置下，Illustrator 中的标尺不会显示出来，需要执行"视图"→"显示标尺"命令才能显示出来。标尺分为水平标尺和垂直标尺，如图 2-37 所示。

图 2-37

在默认设置下，标尺原点位于 Illustrator 视图的左上角。如果需要改变原点，那么要按住鼠标左键并拖拽标尺的原点到需要的位置即可，此时会在视图中显示两条垂直的相交直线，直线的相交点即调整后的标尺原点。

如果在改变了标尺原点之后，想要改回到原来的位置，那么在视图左上角原来的原点位置双击即可。如果想隐藏标尺，那么执行"视图"→"隐藏标尺"命令即可。显示或隐藏标尺的快捷方式是按 Ctrl+R 组合键。

2.2.2 网格

要将对象进行对齐和排列时，就会使用到网格。在系统默认设置下，网格不会显示出来，需要执行"视图"→"显示网格"命令才能使网格显示出来，如图2-38所示。

图 2-38

如果想取消网格的显示，那么执行"视图"→"隐藏网格"命令即可。显示或隐藏网格的快捷方式是按 Ctrl +' 组合键。

另外，网格还具有吸附功能，也就是可以把对象与网格的线自动对齐。执行"视图"→"对齐网格"命令即可打开该功能。再次执行该命令就可以把网格吸附功能关闭。

2.2.3 参考线

在工作时，为了更好地确定对象的方位，可以借助参考线，并且还可以根据需要自定义参考线。

1. 创建参考线

在创建参考线时，首先打开标尺，然后把鼠标指针放在标尺上，按住鼠标左键拖拽，即可把参考线拖拽到工作区中，如图2-39所示。用户可以拖拽出多条参考线。

执行"视图"→"参考线"→"隐藏参考线"命令即可把参考线隐藏起来。执行"视图"→"参考线"→"显示参考线"命令即可把参考线显示出来。

图 2-39

2. 自定义参考线

可以把不同形状的路径转换成自定义的参考线。创建好路径之后，执行"视图"→"参考线"→"建立参考线"命令即可把路径转换成参考线。

3. 移动和删除参考线

（1）**移动参考线**。创建好参考线后，可以移动它。在工作区中选中参考线，并进行拖拽即可移动参考线。

（2）**删除参考线**。先选中参考线，然后按"Delete"键即可删除所选中的参考线。也可以通过执行"视图"→"参考线"→"清理参考线"命令来删除它们。

4. 锁定和解除参考线

（1）**锁定参考线**。在创建好参考线之后，为了防止误移动或者删除它们，可以锁定它们。一般在默认设置下参考线不是锁定的。执行"视图"→"参考线"→"锁定参考线"命令即可锁定参考线

（2）**解除参考线**。如果想解除锁定参考线，那么执行"视图"→"参考线"→"解除参考线"命令即可解除被锁定的参考线。

2.2.4 智能参考线

智能参考线是在选择对象时在鼠标指针旁边显示出它当前所处的位置、对象类型及角度信息等，如图 2-40 所示。在移动鼠标时，这些信息都将随着鼠标指针的移动而改变。

执行"视图"→"智能参考线"命令即可激活智能参考线功能。其快捷方式是按 Ctrl+U 组合键，按一次该组合键即可激活智能参考线功能，再按一次该组合键取消智能参考线功能。在处理复杂的对象时，可考虑使用智能参考线。注意，当使用对齐网格功能时，不能同时使用智能参考线功能。

图 2-40

2.2.5 "变换"面板

在使用"变换"面板移动对象时，要确定需要移动的对象处于选中状态，然后执行"窗口"→"变换"命令，打开"变换"面板，在"变换"面板中可以通过输入 X、Y、W 和 H

的数值来精确地移动对象或者更改对象的外观尺寸。另外，在"变换"面板中，还可以通过在该面板底部设置角度来旋转选择的对象。

2.2.6 渐变填充

1. 创建渐变填充

使用星形工具，绘制一个五角星，如图2-41所示。单击工具箱中的"渐变工具"，对五角星进行渐变填充，效果如图2-42所示。选择"渐变工具"，通过单击在图形中设定渐变的起点并按住鼠标左键拖拽，再次单击确定渐变的终点，如图2-43所示，渐变效果向鼠标方向延伸，而最后渐变填充的效果如图2-44所示。

在"色板"面板中选择需要的渐变样本，对五角星进行渐变填充，效果如图2-45所示。

图2-41　　　　图2-42　　　　图2-43　　　　图2-44

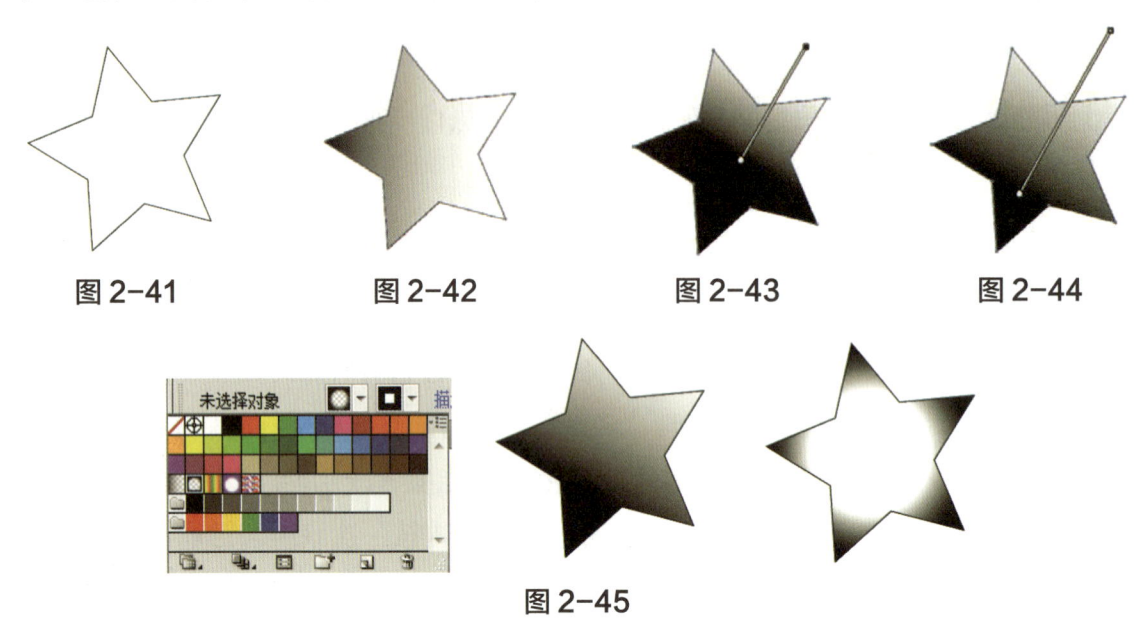

图2-45

2. "渐变"面板

在"渐变"面板中可以设置渐变参数，可选择"线性"或"径向"渐变类型，设置渐变的起始、中间和终止颜色，还可以设置渐变的位置和角度。

执行"窗口"→"渐变"命令，弹出"渐变"面板，如图2-46所示。在"类型"下拉列表框中可以选择"径向"或"线性"渐变方式，如图2-47所示。

图2-46 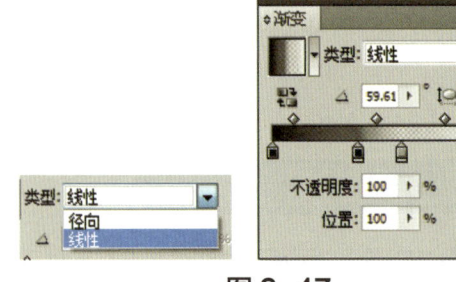　　　　　　　　　　　图2-47

在"角度"文本框中显示当前的渐变角度，重新输入数值后按"Enter"键，可以改变渐变的角度，如图 2-48 所示。

图 2-48

单击"渐变"面板中的颜色滑块，在"位置"文本框中显示该滑块在渐变颜色中的颜色位置的百分比，如图 2-49 所示，拖拽该滑块，改变该颜色的位置，将改变颜色的渐变梯度，如图 2-50 所示。

图 2-49 　　　　　　　　图 2-50

在渐变色谱底边单击，可以添加一个颜色滑块，如图 2-51 所示，在"颜色"面板中调配颜色，如图 2-52 所示，可以改变所添加颜色滑块的颜色，如图 2-53 所示。按住鼠标左键将颜色滑块其拖拽到"渐变"面板外，可以直接删除颜色滑块。

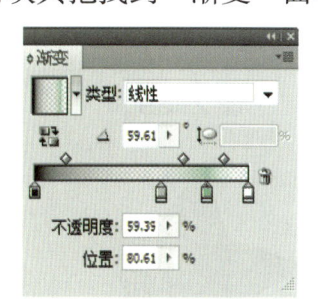

图 2-51 　　　　图 2-52 　　　　图 2-53

3. 渐变填充的样式

（1）**线性渐变填充**。线性渐变填充是一种常用的渐变填充方式，通过"渐变"面板，可以精确地指定线性渐变的起始颜色和终止颜色，还可以调整渐变方向；通过调整中心点的位置，可以生成不同的颜色渐变效果。当需要绘制线性渐变填充图形时，可按以下步骤操作。

01 选择绘制好的图形，如图 2-54 所示。双击渐变工具或执行"窗口"→"渐变"命令（组合键为 Ctrl+F9），弹出"渐变"面板。在"渐变"面板的色谱条中，显示程序默认的白色到黑色的线性渐变样式，如图 2-55 所示。在"渐变"面板的"类型"下拉列表框中选择"线性"渐变类型，如图 2-56 所示，图形将被线性渐变填充，效果如图 2-57 所示。

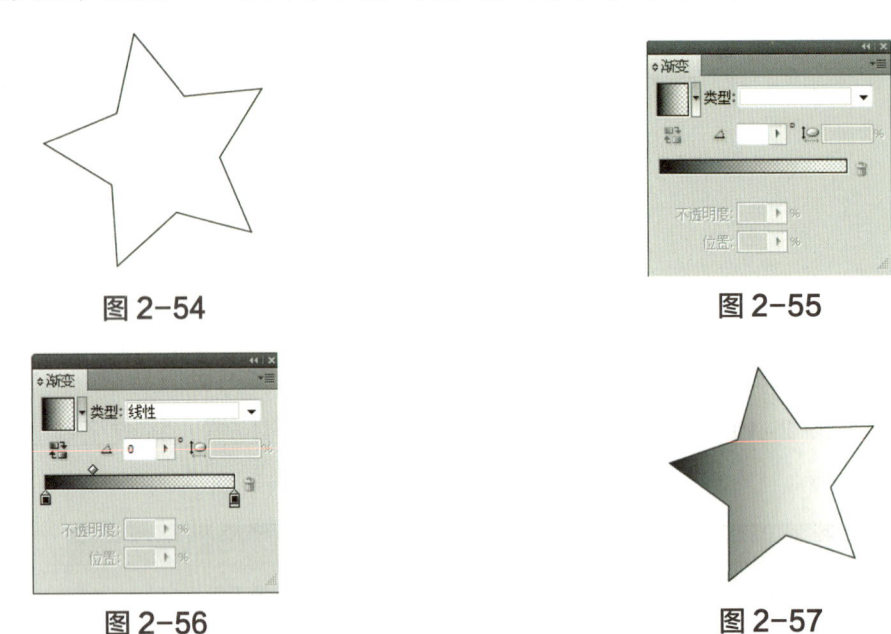

图 2-54

图 2-55

图 2-56

图 2-57

02 单击"渐变"面板中的起始颜色游标，如图 2-58 所示。然后在"颜色"面板中调配所需的颜色，设置渐变的起始颜色。再单击终止颜色游标，如图 2-59 所示，设置渐变的终止颜色，效果如图 2-60 所示，图形的线性渐变填充效果如图 2-61 所示。

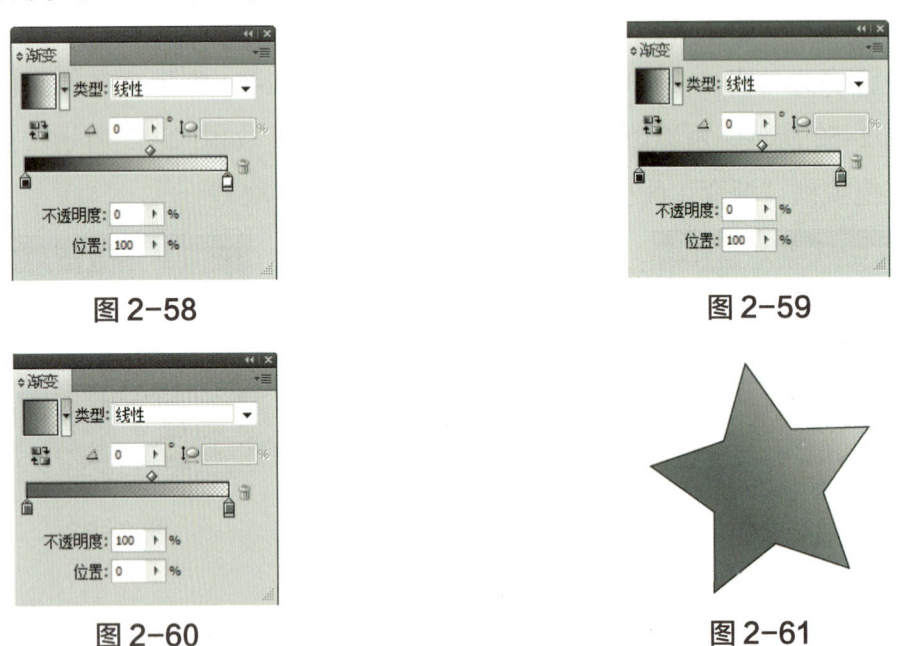

图 2-58

图 2-59

图 2-60

图 2-61

拖拽色谱条上边的控制滑块，可以改变颜色的渐变位置，如图 2-62 所示。"位置"文本框中的数值也会随颜色的渐变位置改变而改变，图形的线性渐变填充效果也将改变，如图 2-63 所示。

图 2-62 　　　　　　　　　　　　图 2-63

如果要改变颜色渐变的方向，那么可使用渐变工具直接在图形中拖拽即可。当需要精确改变渐变方向时，可通过"渐变"面板中的"角度"选项来控制图形的渐变方向。

（2）径向渐变填充。径向渐变填充是另一种渐变填充类型。与线性渐变填充不同，它是从起始颜色开始以圆形的形式向外发散，逐渐过渡到终止颜色。它的起始颜色、终止颜色和渐变填充中心点的位置都是可以改变的。使用径向渐变填充方式可以生成多种渐变填充效果。

选择绘制好的图形，如图 2-64 所示。双击渐变工具或执行"窗口"→"渐变"命令，弹出"渐变"面板。在"渐变"面板的"类型"下拉列表框中选择"径向"渐变类型，如图 2-64 所示，图形将被径向渐变填充，效果如图 2-65 所示。

图 2-64 　　　　　　　　　　　　图 2-65

单击"渐变"面板中的起始颜色游标 或终止颜色游标 ，然后在"颜色"面板中调配颜色，即可改变图形的渐变颜色，效果如图 2-66 所示。拖拽色谱条上边的控制滑块 ，可以改变颜色的中心渐变位置，效果如图 2-67 所示。使用"渐变工具" 绘制，也可改变径向渐变的中心位置，效果如图 2-68 所示。

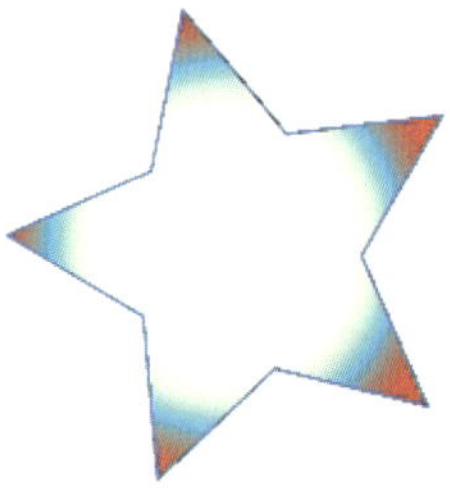

图 2-66 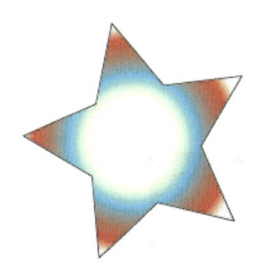　　　　　　　　图 2-67 　　　　　　　　图 2-68

2.3 实战演练

请结合本项目的学习内容，运用所学习的技能，制作如图 2-69 所示的名片。

图 2-69

[提示]：

（1）模板尺寸为 90mm×50mm，出血线为 3mm。

（2）关于字体的格式：名片正面所有字体使用"方正瘦金书简体"，名片背面所有字体使用"方正姚体 –GBK"，更改填充颜色时，切记关于描边颜色的更改。

（3）使用"椭圆工具"绘制基本圆形，使用"渐变"面板更改填充颜色。

（4）如图 2-70 所示，创建剪切蒙版。

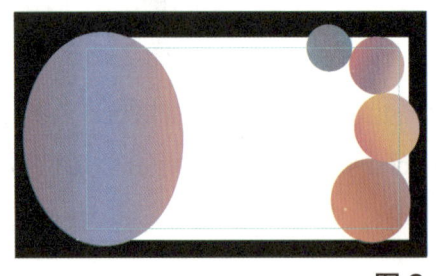

图 2-70

（5）在制作名片背面时，注意名片背面的渐变填充。

（6）如图 2-71 所示，创建剪切蒙版。

图 2-71

项目3 DM单设计

[3]

[3]

◉ **本项目需要学习什么？**

◇ DM单设计的相关岗位知识

◇ 家具广告DM单的制作

◇ 案例中采用的Illustrator钢笔工具，路径文字工具与填色、描边的使用技法

◇ 弘扬劳动精神，劳动教育有效地、适度地融入案例学习中，使学习者在学习专业知识理论、接受专业技能学习的过程中，不断强化劳动意识，养成优秀的劳动品质

◉ **如何学习好本项目的内容？**

◇ 在现实生活中，同学们可以细心观察身边的事物，如别人发的宣传单和广告手册等都属于DM单的范畴。在学习本项目前，同学们可以搜集一些DM单进行欣赏和评价，并进一步就广告单的制作目的、色彩搭配等大家感兴趣的问题进行讨论。

◇ 通过已掌握的学习资源，预习Illustrator矩形工具、椭圆工具与钢笔工具的使用方法，加深对案例中相关操作的理解。同时认真完成制作案例与拓展案例。

3.1 家具卖场DM单设计

项目背景介绍

该 DM 单为家具卖场广告单小样，主要是针对目标消费者，让他们能够第一时间了解到家具信息，为家具公司作宣传。规格要求 16 开，单页单面设计。

关键技术点

- 使用矩形工具绘制 DM 单的轮廓
- 使用钢笔工具绘制 DM 单上的不规则图形
- 使用椭圆工具、路径文字工具和星形工具绘制商标
- 使用高斯模糊效果修饰商标
- 设置参数并进行调整，形成最终效果

3.1.1 项目实施分析

1. 制作标准分析

本案例制作的是家具公司的 DM 单，其设计规格为 210mm×285mm。由于是效果图，暂不考虑出血线设置。其他设计要求如下：

（1）家具广告单的背景色为渐变色（C:0 M:92 Y:78 K:0）、（C:15 M:100 Y:90 K:22），图标中同心圆环部分的颜色是深红色（C:50 M:100 Y:98 K:0），中间两个字母 B 的颜色分别为浅红色（C:5 M:100 Y:84 K:48）和黑色（C:0 M:0 Y:0 K:100），如图 3-1 所示。

（a）　　　　　　　　（b）

图 3-1
（a）背景色；（b）图标色

（2）B-BANG 字体为"方正书宋 GBK"，文字大小为 72pt；"岁末寒冬"与"百邦温暖巨惠"字体为"华庚简综艺"，文字大小为 22.95pt，如图 3-2 所示。

（3）样张中间部分的白色矩形尺寸为 210mm×63mm。左上角有一个商标，其形状为同心圆。其中，大圆的直径是 170mm，小圆的直径是 110mm，如图 3-2 所示。

图 3-2

2．主要制作流程

（1）认真理解客户的制作要求，做好设备、素材的准备工作。

（2）新建空白文档，绘制整体轮廓并添加出血线。

（3）绘制背景图案，包括绘制矩形轮廓及填充渐变颜色、绘制背景图形、置入背景所需的素材图片。

（4）绘制广告单的商标，包括绘制同心圆轮廓、使用路径文字工具输入文字、绘制星形图案、设置高斯模糊的效果、输入"百邦家居"字样。

（5）添加说明文字。

（6）保存工程文件，导出 JPG 格式的效果预览图，交付客户审阅。

3.1.2 项目实施制作

01 按 Ctrl+N 组合键打开"新建文档"对话框，并设置参数，如图 3-3 所示，单击"确定"按钮，以创建一个新的空白文件。

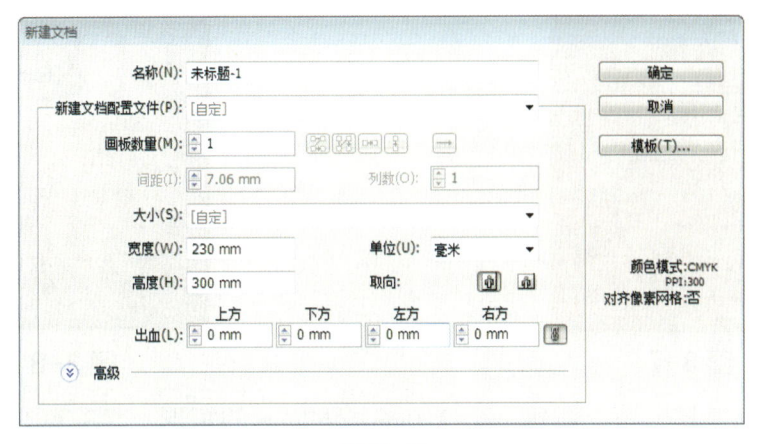

图 3-3

02 选择"矩形工具"，新建一个 210mm×285mm 的矩形，如图 3-4 所示。按 Shift+F7 组合键调出"对齐"面板，使该矩形与画布水平、垂直居中对齐。选择渐变工具，在"渐变"面板中选择"径向"渐变类型，起止颜色数值分别为（C：0 M：92 Y：78 K：0）和（C：15 M：100 Y：90 K：22），如图 3-5 所示。

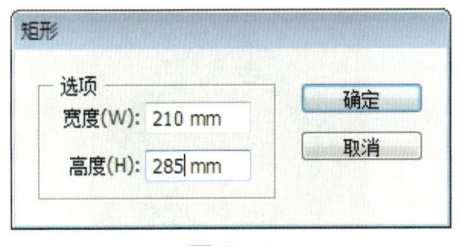

图 3-4　　　　图 3-5

03 选择"钢笔工具"，绘制一个不规则的图形，如图 3-6 所示。

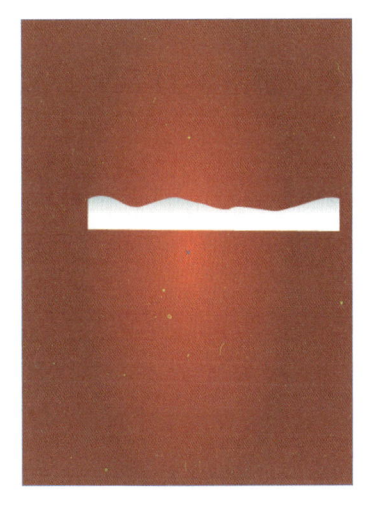

图 3-6

04 打开素材文件，将所给的素材（如图 3-7 所示）拖拽进画布中，按照图 3-8 所示依次摆放。

图 3-7

图 3-8

05 选择"矩形工具" ▭，新建一个 210mm×63mm 的矩形，填充颜色为白色，按图 3-9 所示摆放。

06 开始绘制 DM 单的商标，选择"椭圆工具" ○，绘制一个直径为 170mm 和一个直径为 110mm 的正圆，并选中这两个正圆，将颜色数值设置为（C: 50 M: 100 Y: 98 K: 0），居中对齐。选中两个圆，按 Ctrl+8 组合键建立复合路径，如图 3-10 所示。

图 3-9

图 3-10

07 选择"路径文字工具" ，如图 3-11 所示，输入"B·BANG"，样式如图 3-12 所示。

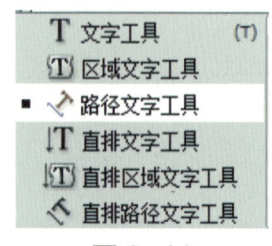

图 3-11

图 3-12

08 选择"椭圆工具" ○，绘制一个直径为 170mm 的圆形，颜色样式如步骤 07，输入 Furniture，双击"路径文字工具" ，选中"翻转"复选框，如图 3-13 所示。

| 项目3　DM单设计 | 37

09 选择"星形工具" ☆，绘制两个大小相同的星星，放入圆形中。选中两组文字，执行"文字→创建轮廓"命令（创建轮廓就是将文字转为路径图形，有路径属性但去除了可编辑属性）或者使用 Ctrl+Shift+O 组合键；选择"文字工具" T，在商标中间输入字母 B，样式如步骤 07，大小为 190pt，复制字母 B，颜色值分别为（C:5 M:100 Y:84 K:48）和（C:0 M:0 Y:0 K:100），如图 3-14 所示。

图 3-13

图 3-14

10 选中同心圆和中间两个字母 B，复制一次，将它们排列在原图形的下面，并填充为白色。执行"效果"→"模糊"→"高斯模糊"命令，数值如图 3-15 所示。

11 选择"文字工具" T，输入"百邦家居"，选择整体并编组缩小放在如图 3-16 所示的位置。

图 3-15

图 3-16

12 选择"文字工具" T，输入"岁末寒冬　百邦温暖巨惠"的字样，字体样式如图 3-17 所示，输入"全场 8 折起"，适当调整字体和字号，并为文字添加描边，如图 3-18 所示。

图 3-17

图 3-18

13 将素材1、素材2、素材3、素材4、素材5置入，如图3-19所示摆放，并按照样张将文字输入。

图3-19

14 选择"星形工具"，绘制如图3-20所示的星形，颜色值为（C：0 M：0 Y：100 K：0）。

图3-20

15 选择"文字工具"，输入文字"惊爆价750元"，完成效果如图3-21所示。

图3-21

3.2 技能拓展

通过前面的实战环节，为了完成家具 DM 单的制作，不仅用到矩形工具、钢笔工具、椭圆工具等，还涉及填色、描边、文字、变形等多种工具的运用。下面就来具体学习一下相关的 Illustrator 操作知识。

3.2.1 填色与描边

填色与描边功能的实现主要是依靠填色与描边工具栏，如图 3-22 所示，此项功能在前面已经使用多次，在此不再赘述。此外，还有"描边"面板、吸管工具、渐变工具、实时上色工具和渐变网格工具。

图 3-22

使用"吸管工具" 可以吸取其他图形或图像中的颜色，以填充页面中的所选图形；还可以吸取其他属性附加给所选图形或文字。图 3-23 所示为"吸管选项"对话框。

使用"渐变工具" 可以为所选图形填充渐变效果，并改变渐变颜色的方向、渐变中心点的位置及渐变区域内颜色的组成比例。可以将所选多个图形作为一个图形填充渐变效果。图 3-24 所示为"渐变"面板。

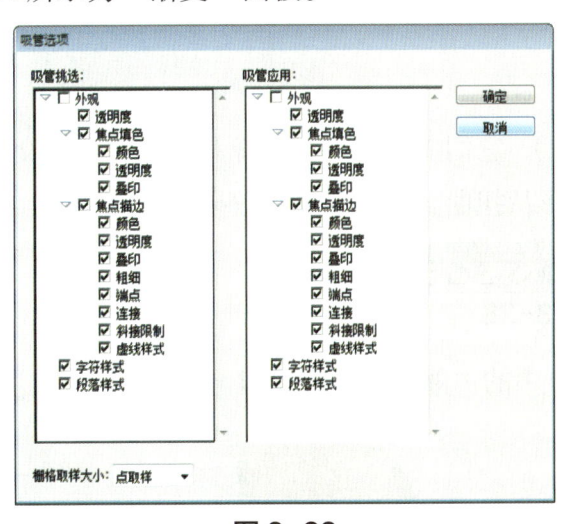

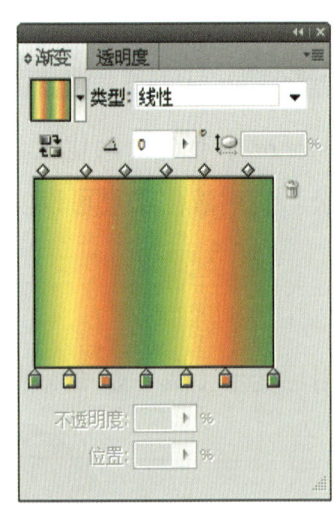

图 3-23 图 3-24

使用"实时上色工具" 可以在图形组内部分区进行填充。利用线条将图形进行分区，编组后利用"实时上色工具"配合色板对图形进行分区填充。使用"实时上色工具"可以选择编组内的分区区域进行填充修改。图 3-25 所示为"实时上色工具选项"对话框。

使用"渐变网格工具" 可以在一个操作对象内创建多个渐变点，从而使图形进行多个方向和多种颜色的渐变填充效果，如图 3-26 所示。关于"渐变网格工具"的使用技法将在项目 4 中进行详细的讲解。

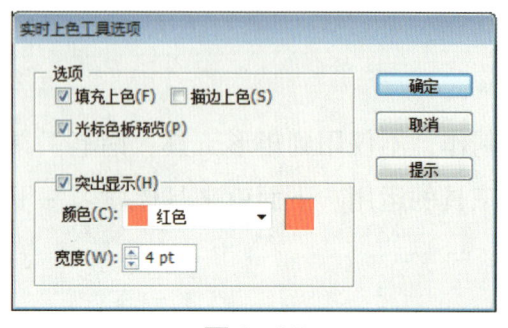

图 3-25

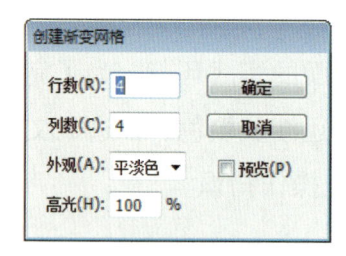

图 3-26

在"描边"面板中，可以详细地设置描边的粗细、端点类型、边角类型、对齐描边方式等操作，如图 3-27 所示。

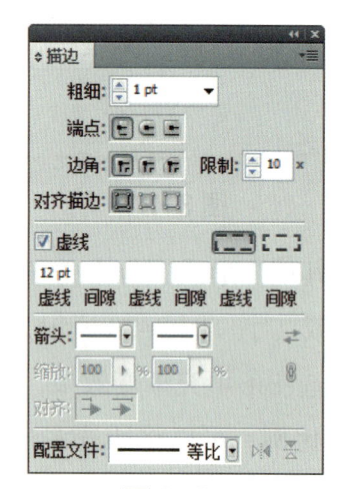

图 3-27

3.2.2 液化工具组

Illustrator 中有 7 个液化工具（见图 3-28），它们能使文字、图像和其他对象的交互变形变得轻松。使用液化工具可以实现对矢量图形从扭曲到夸张的变形效果。

图 3-28

使用"变形工具" 的效果与 Photoshop 中的"液化"滤镜相似（见图 3-29）。

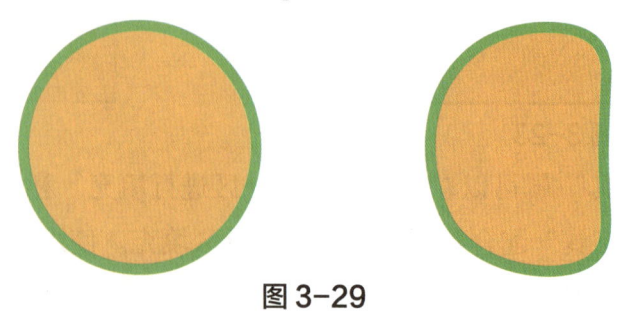

图 3-29

使用"旋转扭曲工具"可以创建旋涡状的变形效果（见图3-30）。使用该工具时，按鼠标的时间越长，产生的旋涡越多。

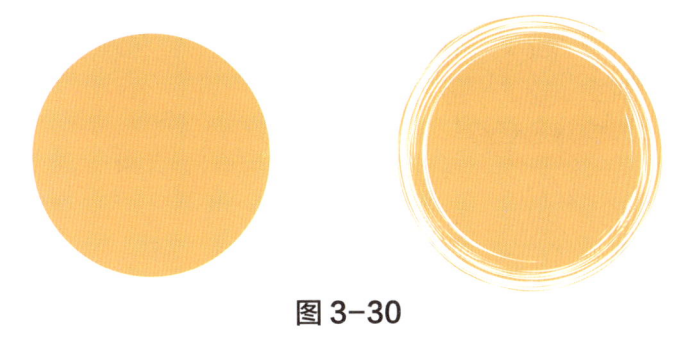

图 3-30

使用"缩拢工具"可以使对象产生向内收缩的效果（见图3-31）。

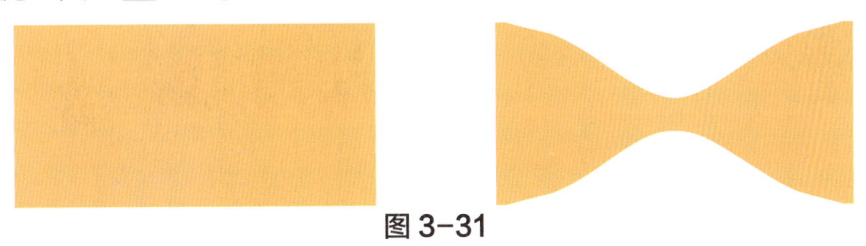

图 3-31

使用"膨胀工具"的效果与缩拢工具相反，可以使对象产生向外膨胀的效果（见图3-32）。

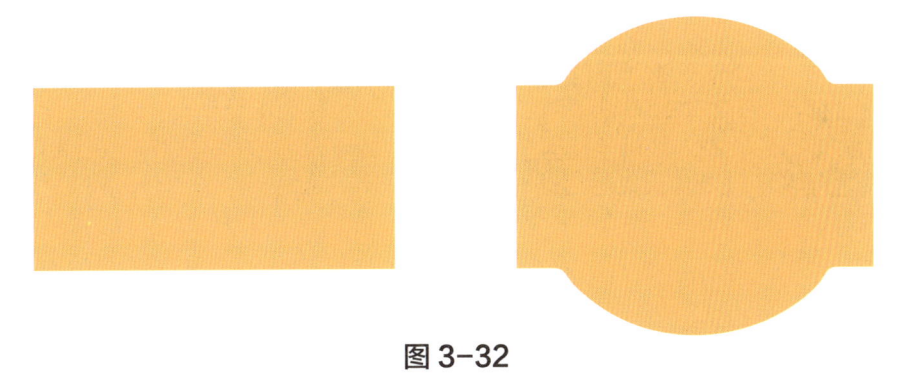

图 3-32

使用"扇贝工具"可以创建类似贝壳表面的纹路效果（见图3-33）。使用该工具时，按住鼠标的时间越长，变形效果越强烈。

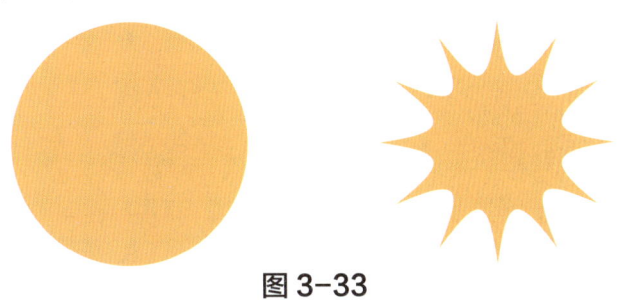

图 3-33

使用"晶格化工具"可以使对象产生向外的尖锐凸起（见图3-34）。

图 3-34

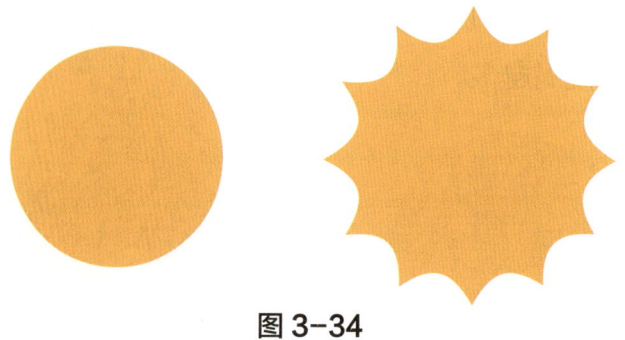

使用"褶皱工具"可以创建不规则的起伏效果（见图 3-35）。使用该工具时，按住鼠标的时间越长，起伏的效果越大。

图 3-35

3.3 实战演练

请结合本项目的学习内容，运用所学习的技能，制作如图 3-36 所示的DM单。

图 3-36

[提示]：

（1）关于字体的格式："39800元"使用"方正黑体"，"全套美式家具搬回家"使用"宋体"，"客厅+卧室+书房+餐厅=完美家具组合"使用"宋体"，"地址：北京市通州区五里桥 电话：010-6057****"使用"华康简综艺"，"活动的最终解释权归本专卖店所有"使用"宋体"。

（2）使用"路径文字工具"。

（3）对于无法使用Illustrator编辑的文字可以使用Photoshop进行编辑，然后导入Illustrator使用。

（4）房子的渐变：黄色（C：0 M：0 Y：100 K：0）到橙色（C：0 M：50 Y：100 K：0）。

（5）尺寸规格要求和教学案例相同。

项目4 卡通形象设计

[4]

本项目需要学习什么？

◇ 卡通形象设计的相关知识

◇ 卡通形象设计的制作方法

◇ 案例中采用的Illustrator的混合工具、符号工具及网格工具的相关知识与操作技法

◇ 以中国新年为设计主题，卡通形象的设计使用小老虎、雪花等元素。将中华传统文化融入到设计中，增强学习者的民族自豪感和爱国意识

如何学习好本项目的内容？

◇ 卡通形象带给人们轻松和快乐，卡通形象在我们的现实生活中处处可见，比如动画形象、企业吉祥物等。在学习本项目前，你可以搜集你喜欢和感兴趣的卡通形象并将其整理，在课堂上，同学们按学习小组一起欣赏、分享可爱幽默的卡通形象，并可以对卡通形象的风格、创意、实现技法、应用范围等进行进一步的交流。

◇ 通过学习资源，预习Illustrator混合工具、符号工具及网格工具，可以加深对案例实现技法的熟悉和使用。同时认真完成制作案例与拓展案例。

| 项目4　卡通形象设计 | 47

4.1　卡通形象设计

项目背景介绍

该案例是卡通主题的新年明信片设计。要求使用 A4 规格画布，设计卡通虎形象，然后需要添加其它新年元素，同时添加装饰文字，效果和谐统一。

关键技术点

- 使用钢笔工具等完成卡通形象的编辑与上色
- 使用矩形工具绘制背景颜色
- 应用混合工具制作颜色的渐变效果
- 使用符号工具为图像添加雪花等装饰
- 运用网格工具制作物体内部颜色的变化
- 运用图层混合模式调节素材融合于背景

4.1.1　项目实施分析

1. 制作标准分析

本案例制作的是卡通风格新年的明信片，主要讲解了如何使用 Illustrator 进行卡通设计与制作的基本方法。规格要求：建立 A4 尺寸的画布，建立 165mm×102mm 的矩形作为贺卡的尺寸。完成之后输出分辨率 300 像素的预览图。

2. 制作主要流程

（1）认真理解客户的制作要求，做好设备、素材的准备工作。

（2）建立 A4 尺寸的画布，并导入铅笔稿。

（3）使用给定的铅笔稿，运用钢笔工具进行绘制，并填色。

（4）绘制背景图案，并调整色调。

（5）添加文字，并设计文字效果。

（6）保存工程文件，导出 JPG 格式的效果预览图（见图 4-1），交付客户审阅。

图 4-1

4.1.2 项目实施制作

1. 绘制卡通人物

01 按按 Ctrl+N 组合键新建一个文件，并设置命令框如图 4-2 所示，单击确定按钮退出命令框，以创建一个新的空白文件。

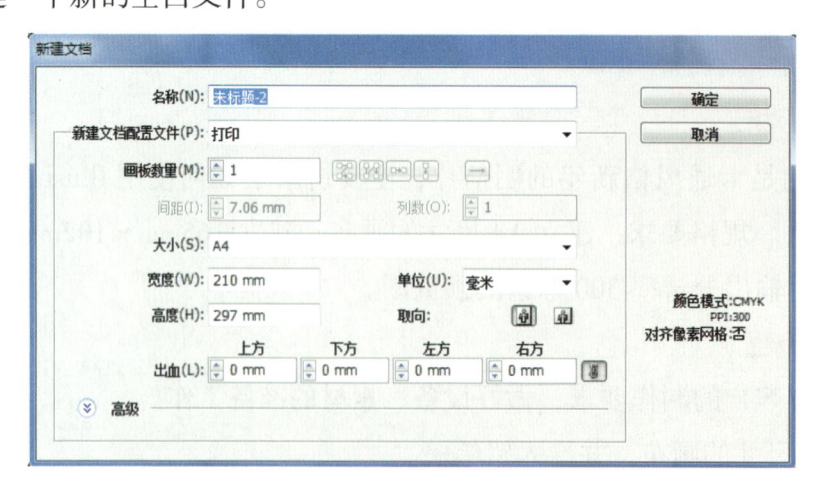

图 4-2

02 执行"文件"→"置入"命令，导入素材"卡通虎 1"，置入素材时，不可勾选"链接"复选框，如图 4-3 所示；按 Ctrl+2 组合键锁定置入的素材，如图 4-4 所示。

图 4-3

图 4-4

03 选择"钢笔工具" ，在适当的位置勾出如图 4-5 所示的路径，参考样张效果，设置适当渐变填充色，并微调渐变效果。注：调整完路径后，可以使用 Ctrl+3 组合键隐藏路径，以便于进行下一步的工作。

04 选择"钢笔工具" ，在适当的位置勾出如图 4-6 所示的路径，参考样张效果，设置适当渐变填充色。

图 4-5

图 4-6

05 选择"钢笔工具" ，在适当的位置勾出如图 4-7 所示的路径，参考样张效果，设置适当渐变填充色，并微调渐变效果。

06 选择"钢笔工具" ，在适当的位置勾出如图 4-8 所示的路径，并设置填充色，C：25；M：25；Y：40；K：0。

图 4-7

图 4-8

07 选择"钢笔工具" ,在适当的位置勾出如图4-9所示的路径,并设置填充色为白色。

08 选择"钢笔工具" ,在适当的位置勾出如图4-10所示的路径,参考样张效果,设置适当渐变填充色,并微调渐变效果。

图4-9 　　　　　　　　　　　　　图4-10

09 选择"钢笔工具" ,在适当的位置勾出如图4-11所示的路径,参考样张效果,设置适当渐变填充色,并微调渐变效果。

10 选择"钢笔工具" ,在适当的位置勾出如图4-12所示的路径,参考样张效果,设置适当渐变填充色,并微调渐变效果。

图4-11 　　　　　　　　　　　　　图4-12

11 选择"钢笔工具" ,在适当的位置勾出如图4-13所示的路径,参考样张效果,设置适当渐变填充色,并微调渐变效果。

12 选择"钢笔工具" ,在适当的位置勾出如图4-14所示的路径,参考样张效果,设置适当渐变填充色,并微调渐变效果。

图4-13 　　　　　　　　　　　　　图4-14

13 选择"钢笔工具" ，在适当的位置勾出如图 4-15 所示的路径，参考样张效果，设置适当渐变填充色，并微调渐变效果。

14 选择"钢笔工具" ，在适当的位置勾出如图 4-16 所示的路径，参考样张效果，设置适当渐变填充色，并微调渐变效果。

图 4-15 　　　　　　　　　　　图 4-16

15 选择"钢笔工具" ，在适当的位置勾出如图 4-17 所示的路径，参考样张效果，设置适当渐变填充色，并微调渐变效果。

16 选择"钢笔工具" ，在适当的位置勾出如图 4-18 所示的路径，参考样张效果，设置适当渐变填充色，并微调渐变效果。

图 4-17 　　　　　　　　　　　图 4-18

17 选择"钢笔工具" ，在适当的位置勾出如图 4-19 所示的路径，参考样张效果，设置适当渐变填充色，并微调渐变效果。

18 选择"钢笔工具" ，在适当的位置勾出如图 4-20 所示的路径，参考样张效果，设置适当渐变填充色，并微调渐变效果。

图 4-19 　　　　　　　　　　　图 4-20

19 选择"钢笔工具" ，在适当的位置勾出如图 4-21 所示的路径，参考样张效果，设置适当渐变填充色，并微调渐变效果。

20 选择所有路径，按 Ctrl+Alt+3 组合键显示隐藏的路径，如有发现衔接不适的位置，单击"直接选择工具" ，逐点进行调整；选择图形黑色部分，填充深棕色，C：50；M：70；Y：80；K：70。调整完毕后，选中所有路径，按 Ctrl+G 组合键进行编组，如图 4-22 所示。

图 4-21

图 4-22

2. 制作整体效果

01 按 Ctrl+N 组合键新建一个文件，并设置命令框如图 4-23 所示，单击确定按钮退出命令框，以创建一个新的空白文件，如图 4-24 所示。

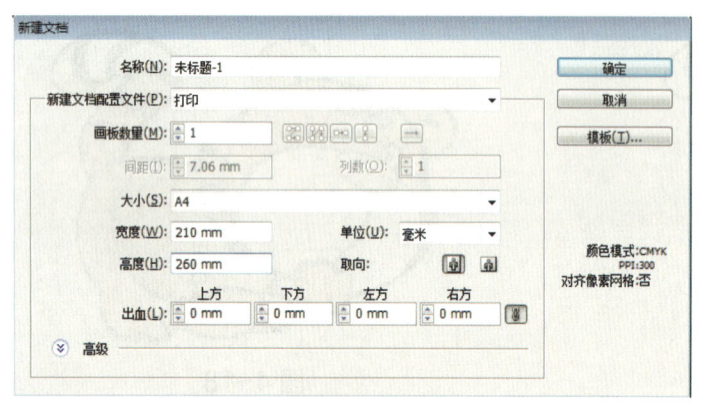

图 4-23

图 4-24

02 选择"矩形工具" ，建立一个同画布大小的矩形，如图 4-25 所示，并设置填充色为黑色、无描边；单击"窗口"命令，从中调出"对齐"调板，并单击"水平居中对齐" 、"垂直居中对齐" ，使得新建立的矩形与画布对齐，如图 4-26 所示。

图 4-25

图 4-26

03 在默认图层上新建一个图层，并重新命名为"正面"，如图 4-27 所示；选择"矩形工具"建立一个宽为 165mm、高为 102mm 的矩形，填充颜色为白色，无描边，如图 4-28 所示。

图 4-27

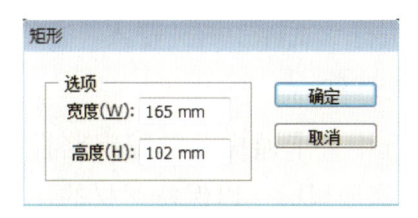

图 4-28

04 执行"对象"→"路径"→"偏移路径"命令，弹出"位移路径"对话框，并设置对话框如图 4-29 所示；选择 W：165mm H：102mm 的矩形。单击鼠标右键，在弹出的快捷菜单中选择"建立参考线"命令，如图 4-30 所示。

图 4-29

图 4-30

05 选择"钢笔工具" ，勾出如图 4-31 所示的路径，并设置填充色 C：69；M：22；Y：9；K：0，无描边。

06 选择"钢笔工具" ，勾出如图 4-32 所示的路径，并设置填充色 C：13；M：0；Y：57；K：0，无描边。

图 4-31

图 4-32

07 选择钢笔工具勾出的路径，按 Ctrl+G 组合键进行打组；将宽为 165mm、高为 102mm 的矩形路径复制一层，并置于顶层，如图 4-33 所示。

08 选中顶层矩形路径与打组路径，按 Ctrl+7 组合键进行剪切蒙版，如图 4-34 所示。

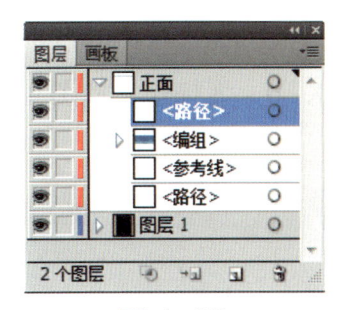

图 4-33

图 4-34

09 执行"文件"→"置入"命令，导入素材，如图4-35所示；置入素材时，不可勾选"链接"复选框。

10 选中"卡通虎"的编组路径，复制到这个文件中；所有置入的素材都按住"Shift"健的同时拖拽鼠标，以保持素材的比例不变，缩放至适合大小，并放置于适当的位置。同时适当编辑其他素材，效果如图4-36所示。

图4-35

图4-36

11 单击"矩形工具" ▢，按住鼠标左键不放，拖拽至"星形工具"如图4-37所示。

12 拖拽鼠标，画出一个星形，填充颜色为C：10.58；M：98.67；Y：100；K：0；，无描边，如图4-38所示。

图4-37

图4-38

13 选中图4-39所显示的内容，按Ctrl+C组合键复制一个星形，按Ctrl+F组合键进行原位置粘贴，按住鼠标左键并同时按住Alt+Shift组合键，拖拽鼠标进行中心点不变的等比例缩放；缩放之后的星形，填充颜色为C：0；M：35；Y：85；K：0，无描边，如图4-40所示。

图4-39

图4-40

14 框选两个星形，单击"混合工具"，先单击填充为红色的星形，后再单击填充为黄色的星形，如图4-41所示；并额外复制出四个星形，放置于适当的位置，如图4-42所示。

图4-41

图4-42

15 单击"文件"→"打开"命令，打开素材文件"雪花.ai"，如图4-43所示；选择并复制"雪花"图形路径，粘贴到明信片文件中，效果如图4-44所示。

图4-43

图4-44

16 单击"窗口"命令，从中调出"符号"调板，选中新置入的素材，并拖拽鼠标至"符号"调板，弹出"符号选项"对话框，如图4-45所示；单击确定按钮退出命令框，以创建一个新的符号，如图4-46所示。

图4-45

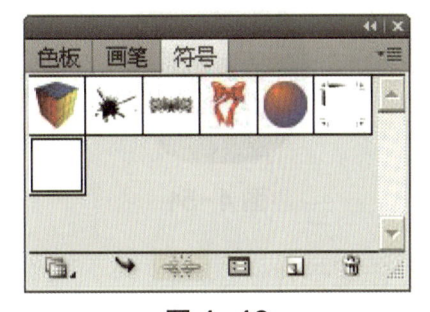

图4-46

17 单击"符号喷枪工具"，调整喷枪大小，在适当位置单击，喷出符号，如图4-47所示；单击"符号喷枪工具"，按住鼠标左键不放，调出更多工具，调整符合效果，并删除原雪花图形，效果如图4-48所示。

图 4-47 　　　　　　　　　　　　　　　　图 4-48

18 单击"钢笔工具"勾出如图 4-49 所示的路径，填充颜色与描边颜色为默认值；再次使用钢笔工具勾出如图 4-50 所示的路径，填充颜色为 C：40；M：70；Y：100；K：50；描边颜色为 C：50；M：70；Y：80；K：80。

图 4-49 　　　　　　　　　　　　　　　　图 4-50

19 选中图 4-49 所示的路径，单击"网格工具"　进行编辑，所有数值请参考样张，编辑完成后将苹果组合，如图 4-51 所示；添加"方正细珊瑚简体"新年快乐，完成效果如图 4-52 所示。

图 4-51 　　　　　　　　　　　　　　　　图 4-52

3．制作明信片

01 在默认图层上新建一个图层，并重新命名为"正面"，如图 4-53 所示；选择"矩形工具"建立一个宽为 165mm、高为 102mm 的矩形，填充颜色为 C：8.12；M：10.13；Y：0.39；K：0，无描边，如图 4-54 所示。

图 4-53 　　　　　　　　　　　图 4-54

02 执行"对象"→"路径"→"偏移路径"命令，弹出"位移路径"对话框，并设置对话框如图 4-55 所示；选择该矩形，单击鼠标右键，在弹出的快捷菜单中选择"建立参考线"命令，如图 4-56 所示；

图 4-55　　　　　　　　　　　图 4-56

03 单击"直线段工具" ，画出一条直线，并复制出额外的两条直线，使三条直线对齐，如图 4-57 所示，无填充色，描边颜色为 C：0；M：0；Y：0；K：80，描边粗细为 2pt。

04 复制"卡通虎"图形，粘贴到文件中，如图 4-58 所示；按住 Shift 健的同时拖拽鼠标，以保持素材的比例不变，缩放至适合大小，并放置于适当的位置，如图 4-59 所示。

05 将该矩形路径复制一层，并置于顶层，如图 4-60 所示。

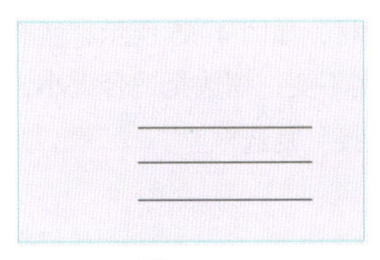

图 4-57 　　　　　　　　　　　图 4-58

图 4-59 　　　　　　　　　　　图 4-60

06 将置入的素材混合模式改为"正片叠底"，并将透明度改为 10%，如图 4-61 所示；选中顶层矩形路径与置入素材，按 Ctrl+7 组合键进行剪切蒙版，如图 4-62 所示。

图 4-61

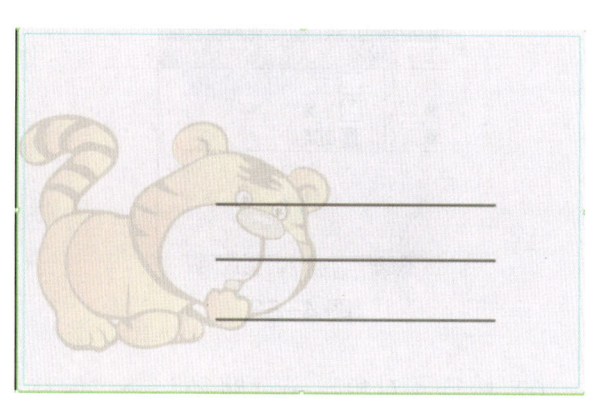

图 4-62

07 单击"矩形工具"并设置对话框如图 4-63 所示,并复制出额外的五个矩形,使六个矩形对齐,如图 4-64 所示,无填充色,描边颜色为 C:15；M:100；Y:90；K:10,描边粗细为 2pt。

图 4-63

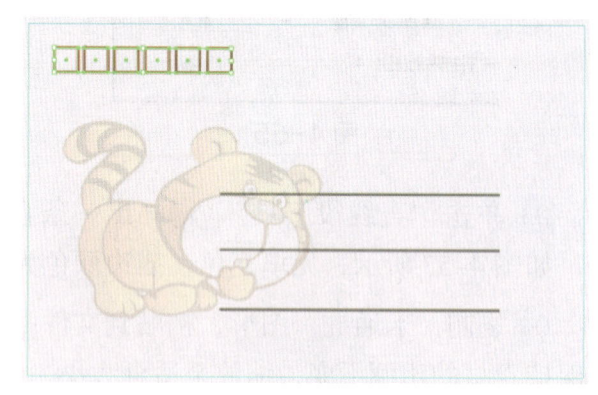

图 4-64

08 单击"文件"→"置入"命令,置入"邮票"素材,如图 4-65 所示;所有置入的素材都按住"Shift"键的同时拖拽鼠标,以保持素材的比例不变,缩放至适合大小,并放置于适当的位置如图 4-66 所示;置入素材时,不可勾选"链接"复选框。

图 4-65

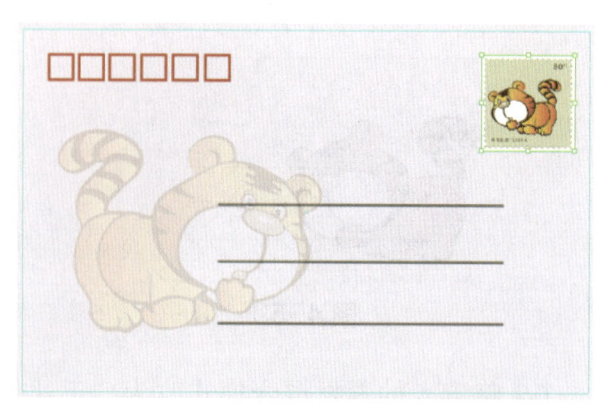

图 4-66

09 使用"文字工具"T,在右下角处打出"邮政编码："等字，完成图如图 4-67 所示。

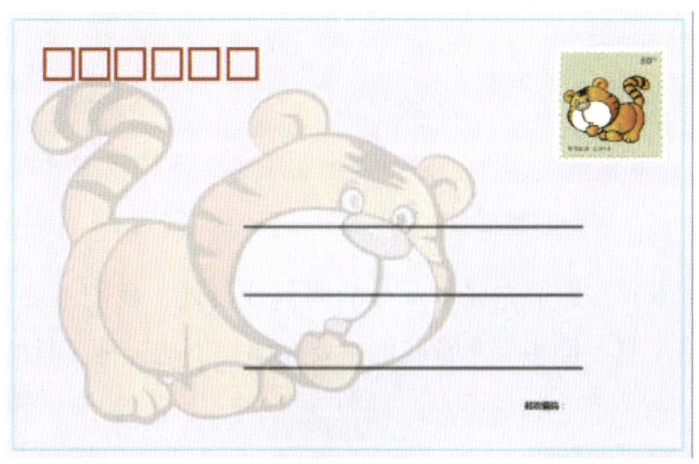

图 4-67

4.2 技能拓展

通过前面的实战环节,为了完成本章节的明信片设计,我们主要使用了"混合工具"、"符号工具"和"网格工具"面板。本章我们主要介绍一下这三种工具的使用方法。

4.2.1 混合工具

如果希望用 Illustrator 来创造一些有丰富细节绚丽的图形,那么混合工具是一个很重要的工具。我们既可以通过 Illustrator 的混合工具直接对物体操作,也可以使用混合命令。

1. 混合菜单功能介绍

(1)创建:为选择的路径或形状创建混合。

(2)释放混合:取消混合的创建。

(3)展开:将混合效果转成路径。

(4)替换路径:用新路径代替原路径,创建新的混合效果。

(5)反转路径:反转混合方向。

(6)前后反转:生成混合效果的两个形状的前后顺序调换。

2. 案例中使用的混合工具

图 4-68 中,显示了一开始画的红五星,然后在内部画黄颜色的五星,之后应用混合工具将五星变为渐变的效果。

图 4-68

如图 4-69,是混合工具在工具栏中所在的位置;双击混合工具按钮,可以看到混合选项的调试面板,如图 4-70 所示。

图 4-69　　　　　　　　　　　　图 4-70

（1）平滑颜色：混合工具会自动计算，使两个形状平滑过渡。

（2）指定步数：由用户指定为两个形状创建混合效果需要的步数。

（3）指定距离：由用户指定混合工具生成的形状之间间隔的距离。

如图 4-71 所示，我们在空白文档中画出两个不同颜色的圆形，将它们都选中，如图 4-72 所示；执行"对象"→"混合"→"建立"命令，激活混合工具并且新建一个混合，数值和参数按照图 4-70 所示的面板进行设置，也可以自行调整，做出的效果如图 4-73 所示。

图 4-71　　　　　　图 4-72　　　　　　图 4-73

4.2.2　符号工具

符号是自 Illustrator CS 开始引入的一个全新概念，在一个插图中需要多次制作同样的对象并且需要对这些对象进行类似的编辑时，利用符号可以节省时间并提高工作的效率，并显著减小文件大小，在 Illustrator 中，各种普通的图形对象、文本对象、复合路径、光栅图像及渐变网格等都可以被定义为符号。

1. 符号体系工具组的功能和使用

如图 4-74 所示，在工具栏中按住符号喷枪工具不放，工具栏便会弹出一个包含 8 个工具的工具组，如图 4-75 所示。我们可以从中选择要使用的具体符号工具，也可以按下"Alt"

键的同时在符号工具上单击来切换，这就是符号体系工具组。如图 4-77 所示，将符号拖拽到空白面板中，制作单个符号图形；而图 4-78 为使用符号喷枪工具在画面上进行多个符号的绘制，制作符号图形集。

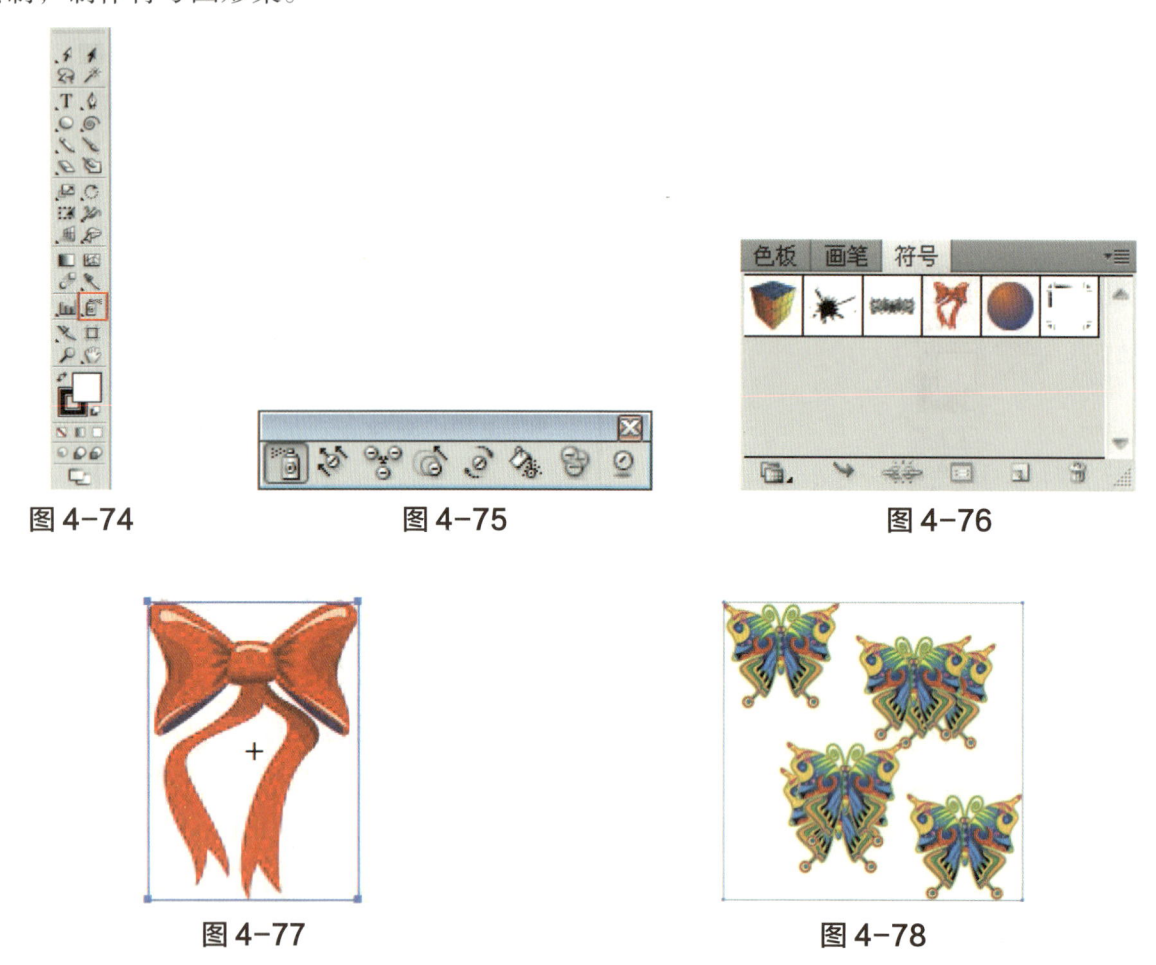

图 4-74

图 4-75

图 4-76

图 4-77

图 4-78

2. 符号工具面板

如果符号工具面板没有在工作区中显示出来，那么可以从"窗口"菜单中将它打开，或者用 Shift +Ctrl+ F11 组合键打开，单击像扑克牌中的"黑桃"的图标，单击会出现符号库，有很多符号供选择。

3. 符号库的使用

Illustrator 还提供了几个现成的符号库，里面有丰富的符号图案供大家选用，只要选择菜单上的"窗口"→"符合库"选项，在下拉菜单中就可以看见这几个符号库。如果在一个文档内多次使用一个相同的物体对象，那么符号工具的确能节省时间和文件空间，并且可以使用旋转、排列面板或者对象菜单项里的移动、缩放、旋转、倾斜、对称等命令来对单个的符号图形和符号集合进行操作，就像 Illustrator 里的其它对象一样。也可以从透明、外观、风格面板来对符号图形执行操作，包括施加特殊的效果等，十分方便。另外它也能很好的支持 SWF 和 SVG 格式的导出。符号工具的出现无疑使得 Illustrator 在处理矢量图形方面如虎添翼，如图 4-79 所示。

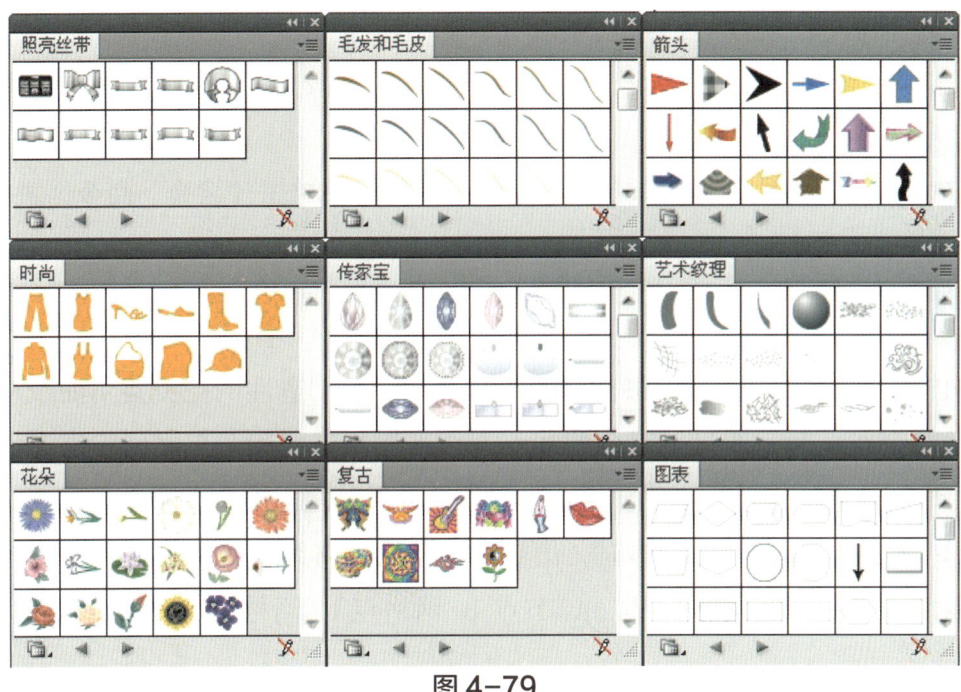

图 4-79

4. Illustrator 符号工具介绍

（1）符号喷枪工具：在工具箱中单击符号喷枪工具，然后在符号控制面板中选中需要创建的符号，在当前页面上拖拽鼠标可以同时创建多个符号，并且将它们作为一个符号集合。

（2）移动符号：使用选择工具选中符号，单击工具箱中的"符号移位器工具"，将光标移到要移动的符号之上，按下鼠标左键并拖拽鼠标，符号便会随着鼠标的移动发生改变。

（3）紧缩符号：使用选择工具选中符号，单击工具箱中的"符号紧缩器工具"，将光标移到要缩紧的符号之上，按下鼠标左键并拖拽鼠标，符号之间的密度便会随着鼠标的拖拽发生紧缩，如果按住"Alt"键再拖拽鼠标，那么符号之间的密度便会增大。

（4）改变符号大小：使用选择工具选中符号后单击工具箱中的"符号缩放器工具"，将光标移到要变换的符号之上，按下鼠标左键并拖拽鼠标，符号就会随着鼠标的拖拽而变大；如果同时按下"Alt"键，那么可以缩小符号。

（5）旋转符号：使用选择工具选中符号后单击工具箱中的"符号旋转器工具"，将光标移到要变换的符号之上，按下鼠标左键并拖拽鼠标，符号的方向会随着鼠标的拖拽发生旋转。

（6）改变符号的颜色：使用选取工具选中符号，设置前景色的颜色，然后单击工具箱中的"符号着色器工具"，将光标移到要变换的符号之上，按下鼠标左键可以改变当前符号的颜色。

（7）改变符号的透明度：使用选择工具选中符号后单击工具箱中的"符号滤色器工具"，将光标移到要变换的符号之上，按下鼠标左键并拖拽鼠标，符号的透明度会随着鼠标的拖拽逐渐降低，按下"Alt"键就可以逐渐增加符号的透明度。

（8）改变符号的样式：使用选择工具选中符号后单击工具箱中的"符号样式器工具"，再在样式控制面板中双击要改变为的样式或选择一种样式后将光标移到要变换的符号上单击鼠标，符号的样式便会发生改变。

（9）删除部分符号：在"符号喷枪工具"工作状态下按下"Alt"键，在要删除的符号上单击或拖拽鼠标，被经过的区域中的符号将被删除。

（10）替换符号：选中符号实例，选中要替换的符号，单击"替换"命令，进行替换。

4.2.3　网格工具

渐变网格工具是 Illustrator 中最神奇的工具之一，它创造性的把贝赛尔曲线网格和渐变填充完美的结合在一起，通过贝赛尔曲线的方式来控制节点和节点之间丰富光滑的色彩渐变，形成的华丽效果让人惊叹不已，堪称矢量软件继混叠之后的一个重大发展。

当我们生成一个渐变网格物体时，出现的线条叫网格线，在网格线间相交的点叫网格点，四个点围成的面积叫网格面片。A. 节点 B. 网格点 C. 网格线 D. 网格面片，如图 4-80 所示。

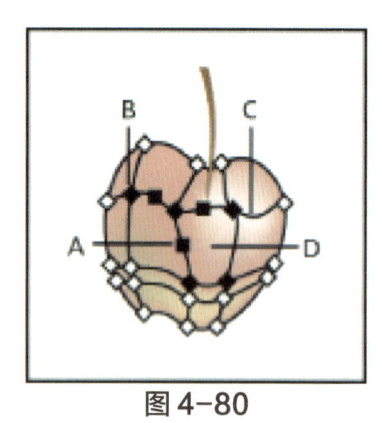

图 4-80

1. 理解渐变网格

一个完整的物体是由网格点和网格线组成的，四个网格点组成一个网格片；非矩形物体边缘的 3 个网格点就可以组成一个网格片，每一个网格点之间的色彩柔和地渐变过渡。

2. 渐变网格物体的创建方式

严格说来，渐变网格物体都是由其他物体转化而来的。未封闭的开放路径在转换后自动变成封闭图形。在 Illustrator 里面这种转化是一个不可逆的过程，一旦转化就无法再恢复为普通物体。渐变网格通过拉伸，调整网格点的节柄来控制颜色渐变。我们可以在任何由路径组成的物体或位图的基础上生成渐变网格。需要注意的是不能从复合路径、文本、链接的 EPS 图形中生成渐变网格。

位于物体中央的网格点有四个方向的节柄，使用节点转换工具来单独调整及拉伸以控制颜色的渐变，如图 4-81 所示。

位于边缘并处于网格上的网格点拥有三个方向的节柄，使用节点转换工具来单独调整及拉伸以控制颜色的渐变，如图 4-82 所示。

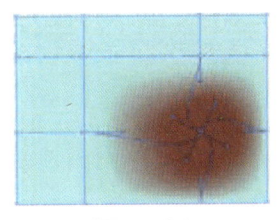

图 4-81 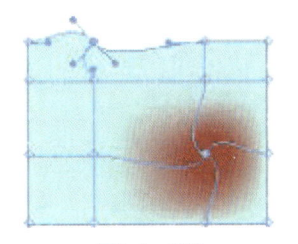　　　　　　　　　　　　　　图 4-82

位于边缘上而没有位于网格上的节点拥有两个方向的节柄，使用节点转换工具来单独调整及拉伸以控制颜色的渐变，这些节点是用来保持形状而增加的。如图 4-83 所示，选择的描点成实心状，选择前景色进行颜色的变换，添加高光；如图 4-84 所示是我们案例中制作的带有渐变颜色变换的苹果。

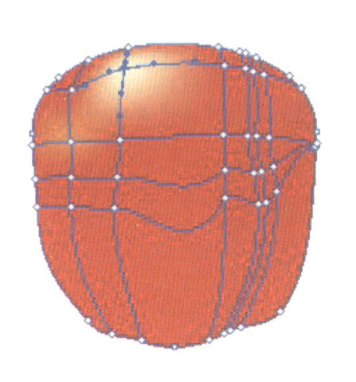

图 4-83 　　　　　　　　　　　　　　图 4-84

3. 渐变网格操作技巧

（1）添加一个网格点而不改变颜色，按"shift"键并单击；

（2）减去网格点及相关网格线，按"Alt"键并单击；

（3）使用调色桶及吸管工具辅助绘图，它们可以添加或吸取颜色到单个网格点或网格面片。

（4）可以使用自由变换组的工具对其单个网格点或网格面片进行变换，如旋转、镜象、缩放等。

（5）如果需要渐变网格物体的轮廓，那么可以使用网格工具进行编辑。

（6）可以在渐变网格线上添加或减去节点以控制网格线的曲率。

（7）显示屏上看起来有隐约的马塞克或锯齿，是由于显示器的像素点造成的，和最终输出无关。

4.3 实战演练

请结合本次课程学习的案例，运用本次课程学习技能，制作如图 4-85 所示的卡通明信片。

图 4-85

[提示]：

（1）模版尺寸为 W：165mm H：102mm；出血线为 2mm；

（2）使用网格工具填充背景颜色，如图 4-86 所示；

（3）使用符号喷枪工具绘制符号。

（4）使用混合工具，制作案例中用到的部分元素。

（5）注意使用剪切蒙板。

（6）调整形状，完成图如图 4-87 所示。

（7）"新年快乐"字体为"方正艺黑简体"。

图 4-86

图 4-87

项目5 包装设计

[5]

本项目需要学习什么？

◇ 包装设计，特别是光盘包装设计的相关岗位知识
◇ 《电脑平面设计优秀作品集》光盘封面的设计制作
◇ 案例中采用的剪切蒙版、对齐面板和路径查找器面板等工具的使用技法
◇ 引导学习者树立大国工匠的理想，严谨的工作态度和精益求精的理念，培养学习者成为有科学精神的"奋斗"人才

如何学习好本项目的内容？

◇ 包装是商品无声的代言人，对大家来说并不陌生。一盒牛奶、一瓶饮料，其精美的包装或许就能吸引你的注意力，从而引发你的消费行为。在学习本项目前，可以搜集各种商品的包装，如食品包装、药品包装、洗护用品包装等，并带到课堂上，再分学习小组来欣赏、分享各自的成果。尤其可以搜集一些光盘，就光盘包装设计上大家感兴趣的问题进行讨论。

◇ 通过已掌握的学习资源，预习剪切蒙版、对齐面板与路径查找器面板的使用技法，以加深对案例中相关操作的理解，同时认真完成制作案例与拓展案例。

5.1 光盘包装设计

项目背景介绍

本案例制作的是一个光盘盒和光盘盘面,光盘设计时应考虑到设计需要的时尚感和色彩感。光盘盒的尺寸规格为191mm×281mm,横版设计;光盘盘面的直径为120mm。

关键技术点

- 使用矩形工具和椭圆工具完成盘盒和盘面的绘制
- 使用对齐面板准确排列各种设计要素
- 使用填色和描边功能对设计要素进行处理
- 使用文字工具添加文字要素
- 使用剪切蒙版和路径查找器处理图片

5.1.1 项目实施分析

1. 制作标准分析

本案例制作的是光盘包装设计,包括一个盘盒和一个盘面。其中盘盒的尺寸规格为高度185mm×宽度275mm,加上高度6mm和宽度6mm的出血,即高度191mm×宽度281mm,另外还有中缝为15mm,如图5-1所示;盘面的尺寸规格为主直径118mm,加上2mm的出血,即主直径为120mm。另外,还有3个小圆,其直径从小到大(从内到外)分别为15mm、32mm、40mm,如图5-2所示。

本案例需要用到AI图形素材、文字素材和校标素材等,在制作时导入光盘盘盒和盘面中。

图 5-1

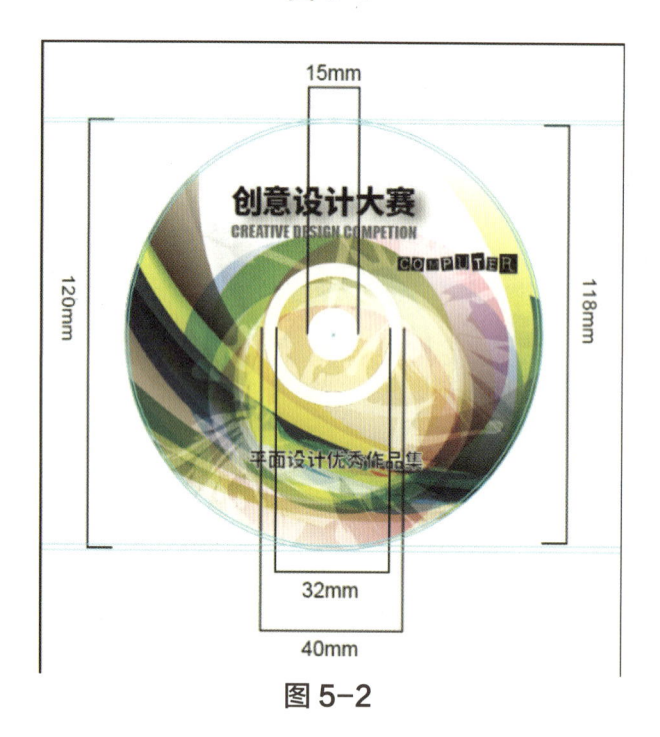

图 5-2

2. 制作主要流程

（1）认真理解客户的制作要求，做好设备、素材的准备工作。

（2）绘制光盘盘盒的盒面、盒脊。

（3）对齐及排列各个盘盒元素。

（4）为光盘盘盒添加图案。

（5）绘制光盘盘面轮廓。

（6）对齐及排列各个盘面元素。

（7）为光盘盘面添加图案。

（8）保存工程文件，导出 JPG 格式的效果预览图，交付客户审阅。

5.1.2 项目实施制作

1. 制作光盘盘盒

01 按 Ctrl+N 组合键，在弹出的对话框中设置宽度为 600mm、高度为 300mm，颜色模式为 CMYK，如图 5-3 所示；单击"确定"按钮，新建一个空白文档，如图 5-4 所示。

图 5-3

图 5-4

02 选择"矩形工具"，设置填色为无，描边为无，如图 5-5 所示；在工作区中单击，在弹出的对话框中设置宽度为 275mm，高度为 185mm，如图 5-6 所示。

图 5-5

图 5-6

03 此时在文档中显示一个矩形，如图 5-7 所示；选中该矩形，执行"对象"→"路径"→"偏移路径"命令，在弹出的"位移路径"对话框中设置"位移"为 3mm，"连接"为"斜接"，"斜接限制"为 4，单击"确定"按钮，如图 5-8 所示。

图 5-7

图 5-8

04 此时的效果如图 5-9 所示。选择"矩形工具"，创建一个 15mm×191mm 的无填充、黑色描边的盘盒脊，如图 5-10 所示。

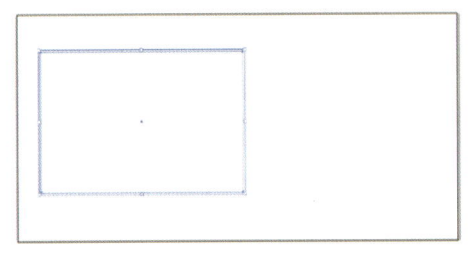

图 5-9

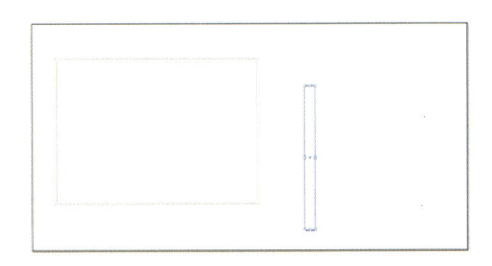

图 5-10

05 选择"选择工具" ，选中所有对象，执行"窗口"→"对齐"命令，打开"对齐"面板，分别单击"水平居中对齐"按钮 和"垂直居中对齐"按钮 ，对齐后的效果如图 5-11 所示。

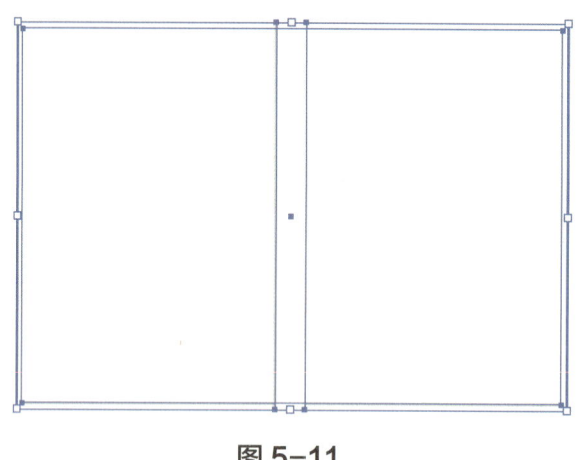

图 5-11

06 执行"文件"→"打开"命令，打开文件"素材 1.ai"；选中素材，按 Ctrl+C 组合键将其复制，返回文档中，按 Ctrl+V 组合键将其粘贴。选中导入的素材，执行"对象"→"变换"→"旋转"命令，在弹出的对话框中设置"角度"为 90°，如图 5-12 所示，单击"确定"按钮，使素材旋转，旋转后的效果如图 5-13 所示。

图 5-12 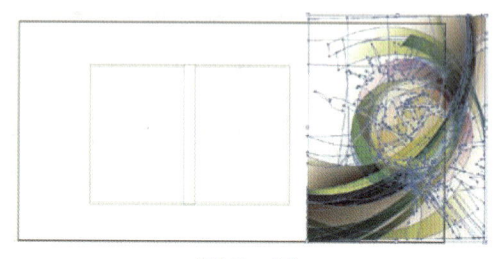　　　　　　　　　图 5-13

07 选中素材，在素材上单击鼠标右键，执行"排列"→"置于底层"命令，如图 5-14 所示，使素材位于所有矩形的下方；调整素材的大小，并放置在如图 5-15 所示的位置。

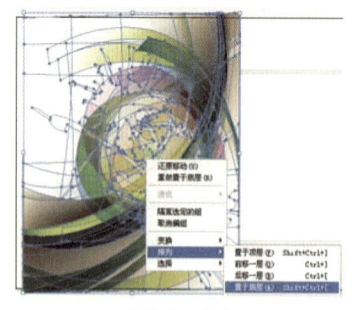

图 5-14 　　　　　　　　　图 5-15

08 再次复制"素材 1.ai"并粘贴到文档中，并依然将其旋转 90°；在素材上单击鼠标右键，执行"排列"→"后移一层"命令，执行三次该命令，使素材位于所有矩形的下方，如图 5-16 所示；调整素材的大小和位置，使之如图 5-17 所示。

图 5-16 　　　　　　　　　　　　　图 5-17

09 选择"矩形工具"■，创建一个 281mm×191mm 的矩形，并置于顶层，使其刚好遮盖住之前所画的矩形，如图 5-18 所示；选中该矩形，选择"选择工具"■，在按住"Shift"键的同时依次选中其他两个素材图片，按 Ctrl+7 组合键建立剪切蒙版，如图 5-19 所示。

图 5-18 　　　　　　　　　　　　　图 5-19

10 双击左边的素材图，进入编组状态，调整素材大小，如图 5-20 所示。

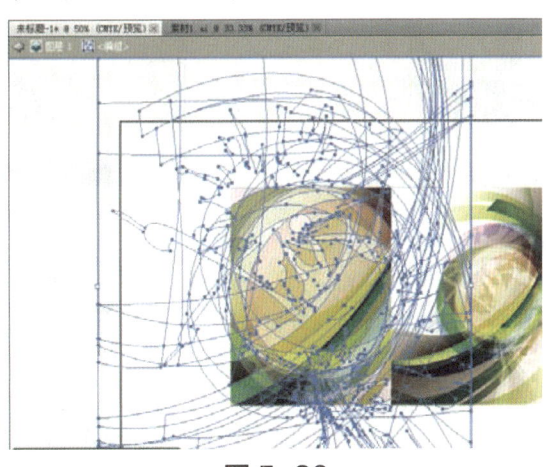

图 5-20

11 单击编组前面的"图层 1"图标，退出编组状态。选中图片素材，单击鼠标右键，执行"排列"→"置于底层"命令，将该素材移至底层；在空白处单击，撤销选中的素材，然后选中盘盒脊矩形，如图 5-21 所示，设置"填色"为灰色，如图 5-22 所示。

图 5-21 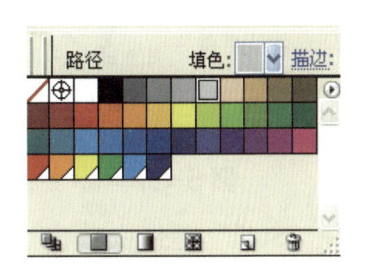　　　　　　　　　　　　　图 5-22

12 双击灰色块，打开"色板选项"对话框，设置填充颜色为（C：0 Y：0 M：0 K：30），如图 5-23 所示；填充后的效果如图 5-24 所示。

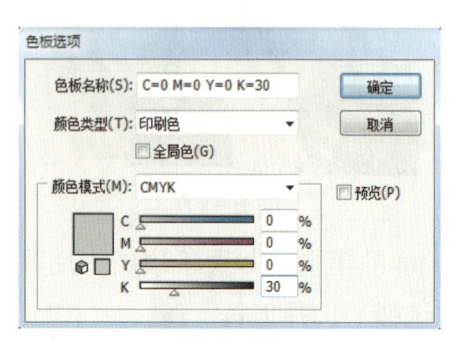

图 5-23

图 5-24

13 执行"文件"→"打开"命令，选择文件"素材 3.ai"，复制后将其粘贴到文档中，调整其大小并放置到如图 5-25 所示的位置；继续打开素材"素材 2.png"，复制后将其粘贴到文档中，锁定其宽高比，设置其宽度为 15mm，高度会自动生成，放置到如图 5-26 所示的位置。

图 5-25

图 5-26

14 再次按 Ctrl+V 组合键粘贴素材"素材 2.png"，保持锁定其宽高比，设置其宽度为 10mm，高度会自动生成，放置到盘盒脊上方，如图 5-27 所示。

15 选择"文字工具" T，输入"电脑平面设计"，设置字体为"方正大黑体"，字号大小为 48pt；再输入"优秀作品集"，设置字体为"方正大黑体"，字号大小为 36pt。完成效果如图 5-28 所示。

图 5-27

图 5-28

16 按住"Shift"键依次单击这两组文字，将它们同时选中，在文字上单击鼠标右键，在弹出的快捷菜单中执行"创建轮廓"命令，如图 5-29 所示；创建后的效果如图 5-30 所示。

图 5-29 　　　　　　　　　　图 5-30

17 执行"描边"命令，打开"描边"面板，设置"粗细"为 2pt，"限制"为 4，"对齐描边"为"使描边外侧对齐"，并设置描边颜色为白色，如图 5-31 所示；设置后的效果如图 5-32 所示。

图 5-31 　　　　　　　　　　图 5-32

18 长按"文字工具" T ，在弹出的快捷菜单中选择"直排文字工具" IT 。在盘脊上输入"创意平面设计优秀作品集"，设置字体为"方正大标宋"，字号大小为 24pt，放置到如图 5-33 所示的位置。

图 5-33

19 选中所有的矩形和素材，按 Ctrl+G 组合键将其编组。至此，光盘盒制作完毕。

2. 制作光盘盘面

01 长按"矩形工具" ，在弹出的快捷菜单中选择"椭圆工具" ；在文档空白处单击，在弹出的对话框中设置"宽度"为 120mm，"高度"为 120mm，如图 5-34 所示。

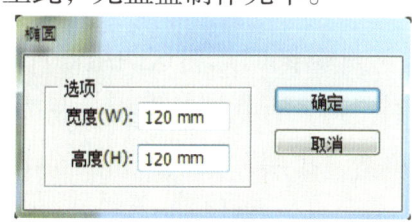

图 5-34

02 将正圆的填充颜色设置为黑色。用同样的方法再绘制一个宽、高均为 40mm 的正圆。选择"选择工具" ，将两个圆选中，如图 5-35 所示；执行"窗口"→"对齐"命令，打开"对齐"面板，依次单击"水平居中对齐"按钮 和"垂直居中对齐"按钮 ，此时两个圆形如图 5-36 所示。

图 5-35　　　　　　　　　　　图 5-36

03 打开"路径查找器"面板，在按住"Alt"键的同时单击"减去顶层"按钮 ，将两个图形相减，如图 5-37 所示。

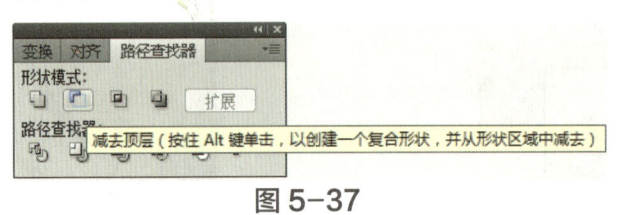

图 5-37

04 相减后的效果如图 5-38 所示。在步骤 03 的操作中按了"Alt"键，此时"路径查找器"面板中的"扩展"按钮就会由原来的不可用状态变为可用状态，如图 5-39 所示；这时单击"扩展"按钮，会发现图形中间的蓝色点消失了，如图 5-40 所示。

图 5-38　　　　　　图 5-39　　　　　　图 5-40

05 选择"椭圆工具" ，分别绘制半径为 32mm 和半径为 15mm 的两个正圆，填充颜色为黑色，无描边，使它们水平居中对齐和垂直居中对齐，相减后扩展，完成的效果如图 5-41 所示。

06 同时选中这两组圆环，在"对齐"面板中设置水平居中对齐和垂直居中对齐；切换到"路径查找器"面板，在按住"Alt"键的同时单击"联集"按钮 ，将两个图形相加，再单击"扩展"按钮，如图 5-42 所示。

| 项目5 包装设计 | 77

图 5-41

图 5-42

07 执行"文件"→"打开"命令，选择文件"素材 1.ai"，复制后将其粘贴到文档中。单击鼠标右键，执行"排列"→"置于底层"命令。选择"选择工具"，同时选中该素材和刚才画好的圆盘，按 Ctrl+7 组合键创建剪切蒙版，结果如图 5-43 所示。

08 双击进入编组界面，可进一步调整素材的大小，也可以旋转素材，如图 5-44 所示。

图 5-43

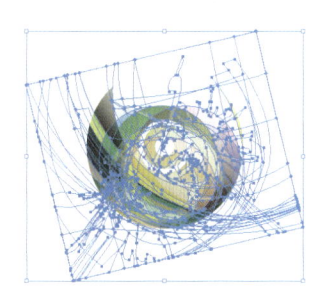

图 5-44

09 调整后的效果如图 5-45 所示。执行"文件"→"打开"命令，选择文件"素材 3.ai"，复制后将其粘贴到文档中，调整大小和位置，如图 5-46 所示。

图 5-45

图 5-46

10 选择"文字工具"，输入"平面设计优秀作品集"，设置字体为"方正大黑体"，字号大小为 18pt；选中文字，单击鼠标右键，执行"创建轮廓"命令，设置描边属性，描边粗细为 1pt，对齐描边方式为"使描边外侧对齐"，并设置描边颜色为白色，放到适当的位置，如图 5-47 所示。

图 5-47

5.2 技能拓展

前面介绍的光盘包装设计主要使用了剪切蒙版、"对齐"面板和"路径查找器"面板等技法。

下面就结合该案例来具体学习一下相关的操作知识。

5.2.1 剪切蒙版

使用剪切蒙版可以在视图中控制对象的显示区域，如图5-48所示。剪切蒙版的形状可以是在Illustrator中绘制的任意形状。在创建了剪切蒙版后，图形只显示剪切蒙版以内的部分，而且在打印时也只打印剪切蒙版以内的部分，如图5-49所示。

图 5-48 　　　　　　　　　　　　　图 5-49

1. 剪切蒙版概述

剪切蒙版是一个可以用其形状遮盖其他图稿的对象，因此使用剪切蒙版后用户只能看到蒙版形状内的区域，从效果上来说，就是将图稿裁剪为蒙版的形状。剪切蒙版和被蒙版的对象一起被称为剪切组合，并在"图层"面板中用虚线标出。可以从包含两个或多个对象的选区，或从一个组或图层中的所有对象来建立剪切组合。

创建剪切蒙版的条件如下：

（1）遮盖的对象将被移至"图层"面板的剪切蒙版组中（前提是它们不是位于其中）。

（2）只有矢量对象可以作为剪切蒙版。不过，任何图稿都可以被蒙版。

（3）如果使用图层或组来创建剪切蒙版，那么图层或组中的第一个对象将会遮盖图层或组的子集中的所有内容。

（4）无论对象先前的属性如何，剪切蒙版会变成一个既不带填色也不带描边的对象。

2. 创建剪切蒙版

下面介绍在 Illustrator 中创建剪切蒙版的步骤。

01 准备一幅用来作为剪切蒙版底版的图形对象。该图层可以是在 Illustrator 工作页面上绘制出来的图形对象，也可以是从其他应用程序中导入的图像文件，如图 5-50 所示。

02 创建作为剪切蒙版的形状，它同样是多种多样的，既可以是基本的图形对象，也可以是经过多种变换操作后的图像，甚至可以是一些较为复杂的路径或文本对象。

03 完成以上操作后，利用"选择工具"选定作为剪切蒙版的路径，并且把这个路径移到所要遮挡的图层上，如图 5-51 所示。此时，要使作为剪切蒙版的路径对象处于所要遮挡的对象之前，方法是：选定剪切蒙版路径，然后执行"对象"→"排列"→"置于顶层"命令；或者在选定剪切蒙版路径后，单击鼠标右键，并且从弹出的快捷菜单中执行"排列"子菜单中的"置于顶层"命令。

图 5-50 　　　　　　　　　　　　　图 5-51

04 利用"选择工具"同时选定作为剪切蒙版底版的图形对象和用做剪切蒙版的路径，执行"对象"→"剪切蒙版"→"建立"命令即可。此时，在"预览"模式下，剪切蒙版以外的底版图形的任何区域都不显示，但剪切蒙版内部的底版图形将会保持原来的形状和颜色。

虽然底版图形中的剪切蒙版以外的部分已经不再显示，但那些没有显示出来的部分并没有消失，它仍然存在于 Illustrator 的绘图页面上。这也是在"预览"模式下使用剪切蒙版，要比在"轮廓"模式下容易得多的原因。

剪切蒙版的重要功能之一就是可以移动剪切蒙版内的图形对象。要移动剪切蒙版内的图形对象，可以用如下方法：

选择"直接选择工具"，然后在剪切蒙版的周围单击，将底版图形对象选中。随意移动底版图形对象，移动剪切蒙版时剪切蒙版下的图形对象保持不动。

其实，剪切蒙版就好像一个窗口，在窗口下面可以放置各种图形，也可以在窗口中移动、编辑和定位这些图形，效果如图 5-52 所示。

图 5-52

3. 创建文本剪切蒙版

Illustrator 允许使用各种各样的图形对象作为剪切蒙版的形状，无论选定哪一种对象作为剪切蒙版的形状，具体操作方法都大致相同。如果是用形状或者线条做剪切蒙版，那么首先要创建用来做剪切蒙版的形状或者线条；然后创建并选择需要应用剪切蒙版的对象，并确认剪切蒙版形状放在上面且位于用户所需要的地方；最后执行"对象"→"剪切蒙版"→"建立"命令。如果要用置入的图像做剪切蒙版，那么也是可以的。任何光栅化的图像或者置入的图像都能够用来创建剪切蒙版。使用文字做剪切蒙版可以创建出很多奇妙的文字效果。用户在用文本创建剪切蒙版之前，可以首先把文本转化为路径，也可以直接将文本作为剪切蒙版。

创建文本剪切蒙版的步骤如下：

01 创建需要作为剪切蒙版的文本。创建的文本可以是点文本也可以是文本块，如图 5-53 所示。

02 可以在画布上创建出自己的剪切蒙版背景图像，也可以执行"文件"→"打开"命令，打开一幅图像用做剪切蒙版的背景图像，如图 5-54 所示。

图 5-53 　　　　　　　　　图 5-54

03 使用"直接选择工具"选中文本，然后将文本拖拽到需要的地方，按 Ctrl+A 组合键选中全部文本和背景图像，如图 5-55 所示。注意：要使文本位于图像的上方。

04 执行"对象"→"剪切蒙版"→"建立"命令，创建剪切蒙版。那么如果需要，还可以移动文本剪切蒙版或者背景图像，直到从剪切蒙版中透出的图像效果最佳，最终效果如图 5-56 所示。

图 5-55

图 5-56

4. 编辑剪切蒙版

除了前面讲过的内容，还可以对剪切蒙版进行一定的编辑，操作步骤如下：

在"图层"面板中选择剪贴路径，使用"直接选择工具"拖拽对象的中心参考点，以此方式移动剪贴路径；使用"直接选择工具"改变剪贴路径形状；还可以对剪贴路径应用填色或描边操作。

5. 释放剪切蒙版

如果要释放剪切蒙版，那么先要选定剪切蒙版对象，然后执行"对象"→"剪切蒙版"→"释放"命令即可。如果不能确定哪个对象是剪切蒙版对象或者选定剪切蒙版时有问题，那么可以先执行"选择"→"全部"命令（或按 Ctrl+A 组合键全选图形对象），然后执行"对象"→"剪切蒙版"→"释放"命令即可。但要注意，当使用"全部"命令时，会导致当前活动窗口中的所有剪切蒙版都一律被释放。

5.2.2 "对齐"面板

在 Illustrator 中，对象的排列一般使用"对齐"面板。执行"窗口"→"对齐"命令即可打开"对齐"面板，如图 5-57 所示。

在系统默认的状态下，"对齐"面板中共有 14 个按钮，它们分别属于 3 个命令组：对齐对象、分布对象和分布间距。单击面板上的 图标，可缩小该面板，在面板中减少一组分布间距命令，如图 5-58 所示。

图 5-57

图 5-58

当把鼠标指针移到面板中的按钮上时，就会显示出对应的中文名称注释，如图 5-59 所示。另外，也可以通过按钮图标的形状来确定按钮的作用。

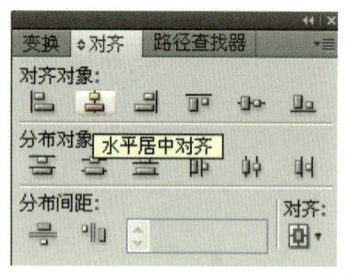

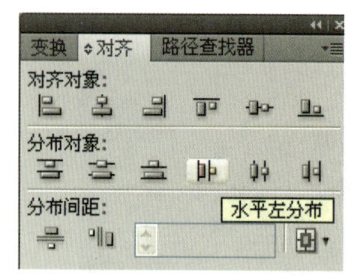

图 5-59

1. 对齐对象

当对齐对象时，需要一条线或者一个点作为对齐的依据。在 Illustrator 中，水平左对齐、水平右对齐、垂直顶对齐和垂直底对齐方式是依据选定的各个对象的水平边线或者垂直边线作为对齐的基准线。

（1）水平左对齐。使用"水平左对齐"命令可以把对象左边的边线作为基准线，将选中的各个对象都向基准线靠拢，最左边的对象的位置不变。在水平左对齐的过程中，对象垂直方向上的位置不变。应用"水平左对齐"命令后的效果如图 5-60 所示。

（2）水平右对齐。"水平右对齐"命令与"水平左对齐"命令的区别就在于它是以选定对象的右边的边线作为对齐的基准线，选中的对象都向右边靠拢，最右边的对象位置不变。对象垂直方向上的位置不变。应用"水平右对齐"命令后的效果如图 5-61 所示。

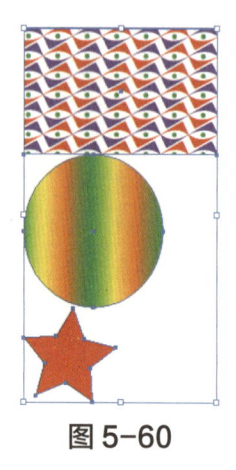

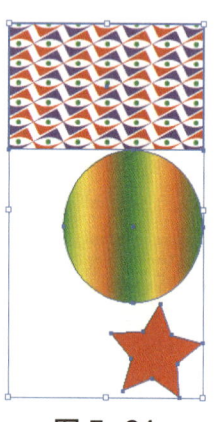

图 5-60　　　　　　　　　　图 5-61

（3）水平居中对齐。"水平居中对齐"不以对象的边线作为对齐的依据，而使用选定对象的中点作为对齐的基准点，中间对象的位置不变。

与水平左、右对齐一样，在水平居中对齐的过程中，各个对象垂直方向上的位置不变。它们的中点对齐之后处于同一条竖直线上。如果对齐的对象不是规则图形，那么将按它们的重心对齐。应用"水平居中对齐"命令前后的效果如图 5-62 所示。

图 5-62

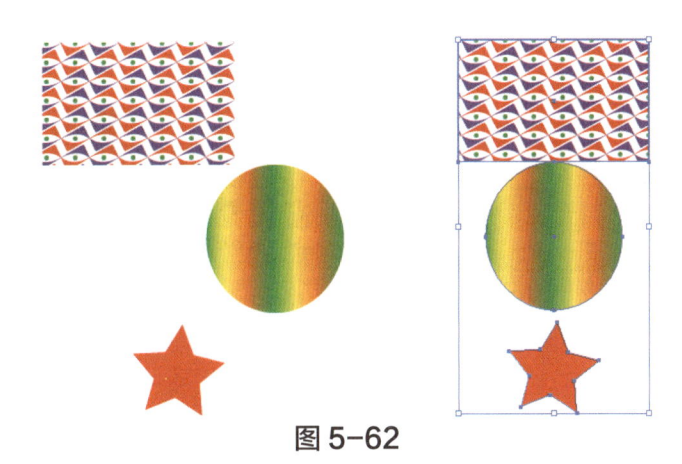

（4）**垂直顶对齐**。"垂直顶对齐"命令可以将多个对象以对象的上边线为基准线对齐，选定的所有对象中最上面的对象位置不变。

在水平对齐的几个命令中，对象对齐之后垂直方向上的位置都不会改变；而在垂直对齐的过程中，所有对象的水平位置都不变。应用"垂直顶对齐"命令前后的效果如图 5-63 所示。

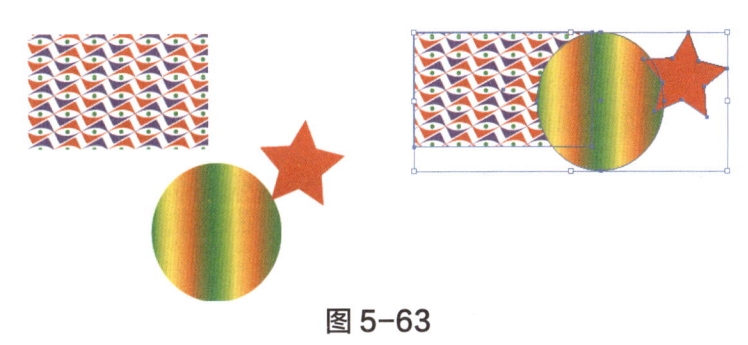

图 5-63

（5）**垂直底对齐**。"垂直底对齐"命令与"垂直顶对齐"命令相比，它依据的基准线是对象的下边线，各个对象向下边线靠拢，最下面的对象位置不变。所有对象的水平位置也不会发生改变。应用"垂直底对齐"命令前后的效果如图 5-64 所示。

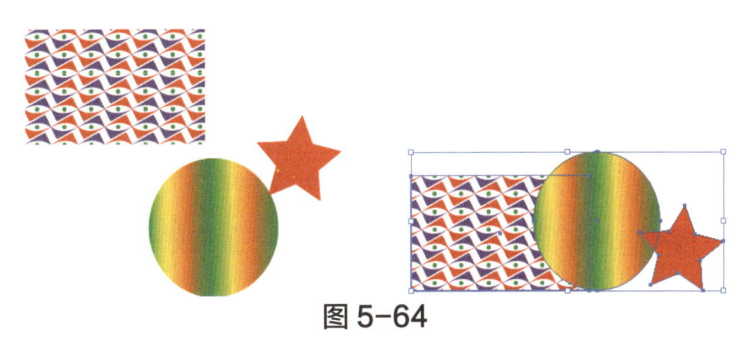

图 5-64

（6）**垂直居中对齐**。"垂直居中对齐"命令与"水平居中对齐"命令相似，只不过"水平居中对齐"使各个对象的中点在竖直方向上连成一条直线，而"垂直居中对齐"使各个对象的中点在水平方向上连成一条直线。应用"垂直居中对齐"命令前后的效果如图 5-65 所示。

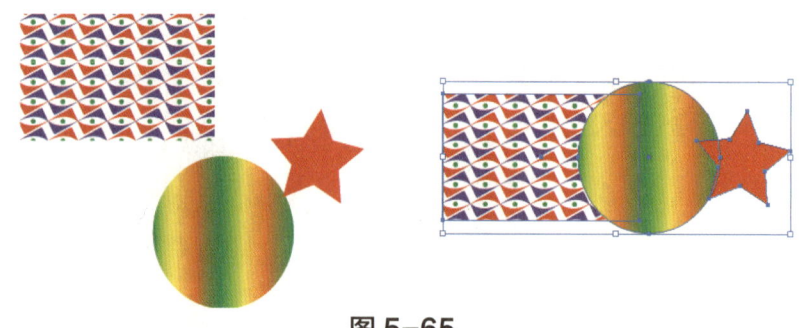

图 5-65

如果对一组对象应用"水平居中对齐"命令后再应用"垂直居中对齐"命令，那么这组对象的中点将重叠。

2. 分布对象

在 Illustrator 中，对象分布也是图形编辑的一项重要操作。使用"对齐"面板中的各种分布命令，可以很方便地实现对象的分布，从而既节约了大量时间，又提高了精确度。

在很多情况下，对象的分布操作具有重要的作用。例如，当需要对绘图页面上的各个对象均匀分布时，对象的分布命令往往是最有效的。使用分布命令进行分布的各个对象，看上去更加专业，更加美观。

图 5-66 所示为图形对象应用了"垂直底分布"命令之后的效果对比图。左图是没有应用"垂直底分布"命令的原对象，右图是应用了"垂直底分布"命令后的效果。

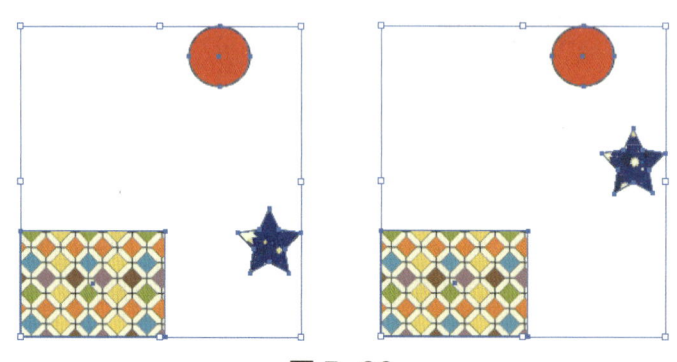

图 5-66

3. 分布间距

要精确制定对象间的距离，需选择"对齐"面板中的"分布间距"选项组，其中包括"垂直分布间距"命令 和"水平分布间距"命令 。在选中多个对象后，可以使用这两个命令，指定这些对象按什么方式来进行分布间距。

（1）**垂直分布间距**。在"对齐"面板右下方的数值框中将距离数值设置为 10mm，如图 5-67 所示。

选中要对齐的多个对象，如图 5-68 所示。再选中对象中的任意一个对象，将该对象作为对其他对象进行分布样式的参照。图 5-69 所示为选中了其中的圆形作为参照对象。

图 5-67 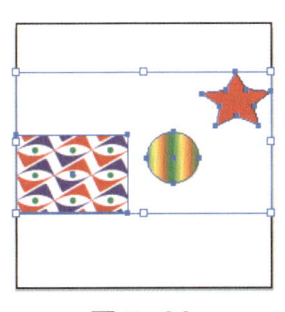　　　　　　　图 5-68 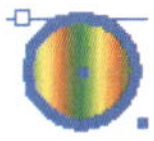　　　　　　　图 5-69

单击"对齐"面板中的"垂直分布间距"按钮 ，如图 5-70 所示。所有被选中的对象将以圆形作为参照按设置的数值等距离垂直分布，效果如图 5-71 所示。

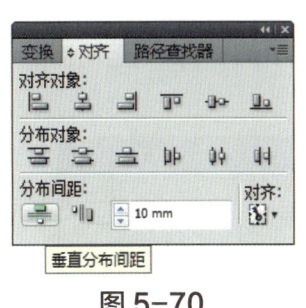

图 5-70 　　　　　　　图 5-71

（2）水平分布间距。在"对齐"面板右下方的数值框中将距离数值设置为 3mm，如图 5-72 所示。

选中要对齐的多个对象，如图 5-73 所示。再选中对象中的任意一个对象，将该对象作为对其他对象进行分布样式的参照。图 5-74 所示为选中了下方的矩形作为参照对象。

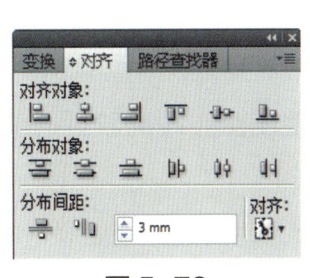

图 5-72 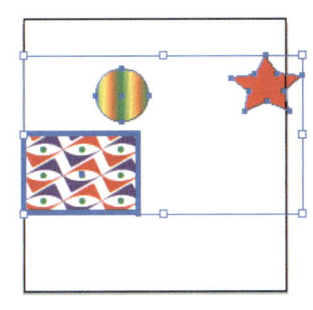　　　　　　　图 5-73 　　　　　　　图 5-74

单击"对齐"面板中的"水平分布间距"按钮 ，如图 5-75 所示。所有被选中的对象将以矩形作为参照按设置的数值等距离水平分布，效果如图 5-76 所示。

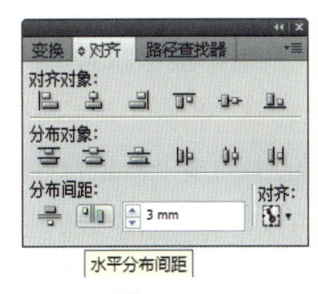

图 5-75 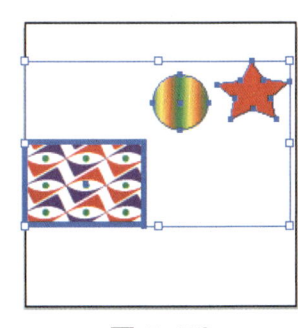　　　　　　　图 5-76

5.2.3 "路径查找器"面板

"路径查找器"面板集合了所有的路径编辑命令。

执行"窗口"→"路径查找器"命令，打开"路径查找器"面板，如图5-77所示。

图 5-77

单击该面板标签右侧的 按钮，将打开一个菜单栏，用于辅助设置一些选项。执行该下拉菜单中的"路径查找器选项"命令，将打开如图5-78所示的"路径查找器选项"对话框。

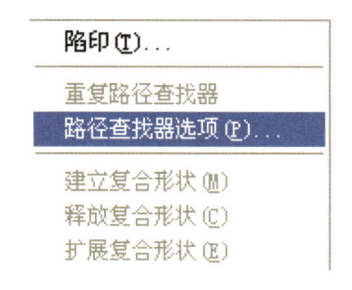

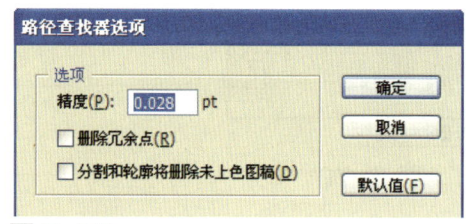

图 5-78

在该对话框中共有3个选项：

● "精度"文本框用于输入数值，以指定面板中各种工具进行操作时的精度。数值越小，精度越高，但操作的时间较长；数值越大，精度越低，但操作的时间较短。系统的默认数值是0.028pt，这个数值对于大多数工作来说已经完全足够了，并且软件运行的速度也不慢。

● 选中"删除冗余点"复选框，可以将同一路径中不必要的控制点（距离较近的节点）删除。

● 选中"分割和轮廓将删除未上色图稿"复选框，可以删除未上色的图形或路径。

在"路径查找器"面板中共有两类命令，它们分别是"形状模式"和"路径查找器"。下面分别介绍这两类命令。

1. 形状模式

"路径查找器"面板第一排的4个按钮就是"形状模式"的按钮，从左至右分别是联集、减去顶层、交集和排除相交区域。这4个按钮有一个共性，就是都能够将选定的多个对象组合并生成另一个新的对象。

（1）**联集**。"联集"是使用最频繁的一个命令，它能将选中的多个对象合并成一个对象。在合并的过程中，将相互重叠的部分删除，只留下一个大的外轮廓。新生成的对象保留合并之前最上层的对象的填色和轮廓色。把两个图形叠加后，单击"联集"按钮即可。合并前后的效果如图5-79所示。"联集"命令跟数学概念中的"并集"意义相似。

图 5-79

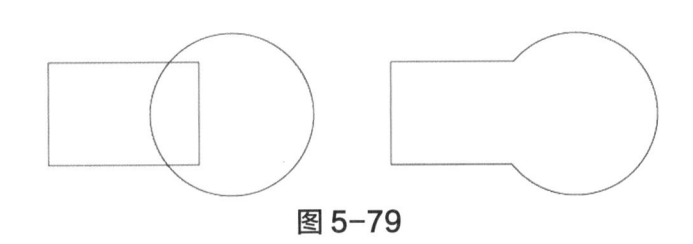

如果选中的对象中间有空洞，那么在应用"联集"命令后空洞将以反色显示。如果选中的两个或多个对象没有重叠部分，那么在应用"联集"命令后最上层对象的填色和轮廓色将代替其他对象的填色和轮廓色，而图形的形状不会发生任何变化，但 Illustrator 会自动将选中的对象组合起来。

（2）**减去顶层**。使用"路径查找器"面板中的"减去顶层"命令可以在最上层一个对象的基础上，把与下层所有对象重叠的部分删除，最后显示最上层对象的剩余部分，并且组成一个闭合路径。应用"减去顶层"命令前后的效果如图 5-80 所示。

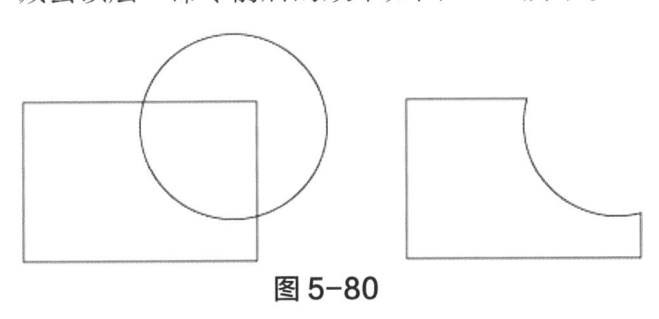

图 5-80

注意：相交的部分必须构成封闭路径才能应用"减去顶层"命令。

（3）**交集**。使用"路径查找器"面板中的"交集"命令，可以对多个相互交叉重叠的图形进行操作，仅仅保留交叉的部分，而将没有交叉的部分删除。"交集"命令与数学概念中的"交集"相似。

选中的对象可以多于两个。新生成的对象的填色和轮廓色为应用"交集"命令之前选中的多个对象中的最上层的对象的填色和轮廓色。应用"交集"命令前后的效果如图 5-81 所示。

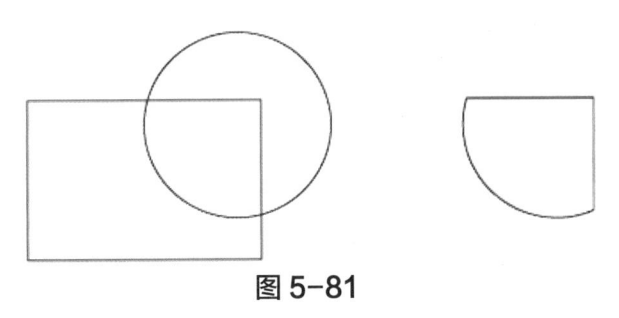

图 5-81

（4）**排除相交区域**。"排除相交区域"命令是与"交集"命令相反的一个命令，使用这个命令可以删除选中的两个或多个对象的重合部分，即仅仅排除相交的部分。

新生成的对象的填色和轮廓色为应用"排除相交区域"命令之前选中的多个对象中的最上层的对象的填色和轮廓色。应用"排除相交区域"命令前后的效果如图 5-82 所示。

图 5-82

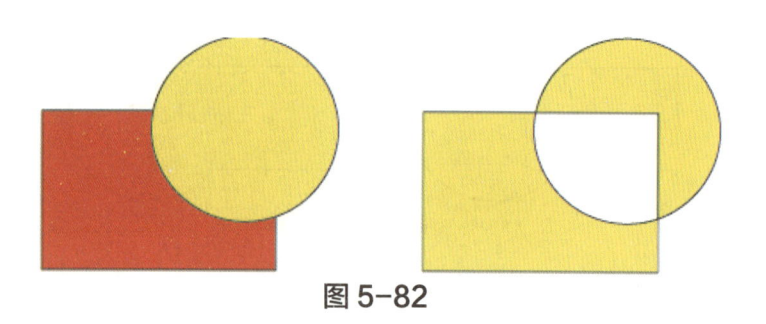

2. 路径查找器

第二排的 6 个按钮从左至右分别是分割、修边、合并、裁剪、轮廓和减去后方对象。这 6 个工具按钮的作用各不相同，但是都能产生较为复杂的新图形。

（1）分割。"分割"命令可以用来将相互重叠交叉的部分分离，从而生成多个独立的部分，但不删除任何部分。应用"分割"命令后所有的填充和颜色将被保留，各个部分保留原始的填充或颜色，但是前面对象重叠部分的轮廓线的属性将被取消。

生成多个独立的对象后，可以使用"直接选择工具"选中对象并移动。应用"分割"命令，并将各个独立的部分分开前后的效果如图 5-83 所示。

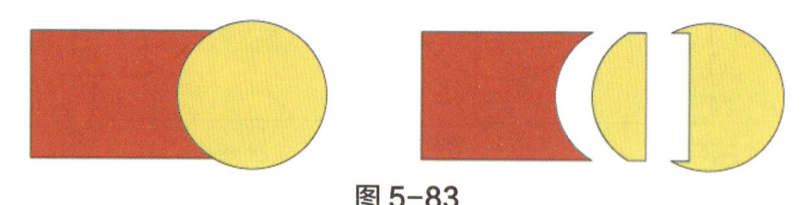

图 5-83

（2）修边。"修边"命令主要用于删除被其他路径覆盖的路径，它可以把路径中被其他路径覆盖的部分删除，仅仅留下执行"修边"命令前在工作区中能够显示出来的路径，并且所有的轮廓线的宽度都将被去掉。

为了能够更明显地看出应用"修边"命令前后的变化，这里绘制两个矩形，轮廓线宽都设定为 6mm，并将其中一个矩形应用图案填充。应用"修边"命令并使用"直接选择工具"选取和移动对象前后的效果如图 5-84 所示。

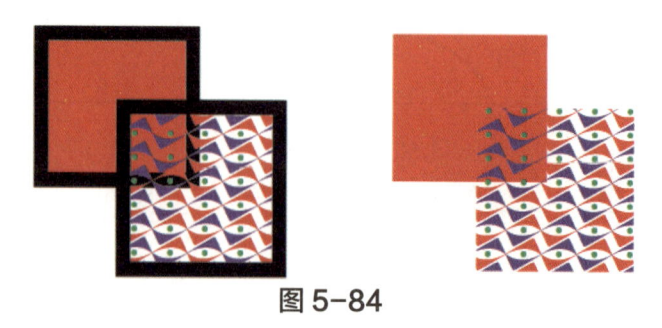

图 5-84

（3）合并。"合并"命令的使用，是指先绘制好两个图形对象，然后选中这两个对象，再单击"合并"按钮，最后生成新的对象。如果对象的填充和描边属性都相同，那么"合并"命令将把所有的对象组成一个整体后合为一个对象，但对象的描边色将变为没有；如果对象的填充和描边属性都不同，那么"合并"命令的功能就相当于下文所讲的"裁剪"命令的功能。图 5-85 所示为应用"合并"命令前后的效果对比。

图 5-85

（4）裁剪。对于一些相互重合的对象，"裁剪"命令可以把所有落在最上层的对象之外的部分剪裁掉。

要应用"裁剪"命令，首先选中想要用做切割器材的对象，单击鼠标右键，执行"排列"→"移至最前"命令，将切割器放在最前面。然后选择所有想要剪裁的路径及切割器本身，单击"裁剪"按钮，执行"裁剪"命令。这时切割器以外的所有对象都将被删除，切割器本身也被删除，各个对象在切割器内部的部分将组成一个新的对象。图 5-86 所示就是应用"裁剪"命令前后的效果对比。

图 5-86

（5）轮廓。"轮廓"命令可以把所有的对象都转换成轮廓，同时将相交的地方断开。不论原对象的轮廓线的宽度是多少，应用"轮廓"命令后，各个对象轮廓线的宽度都会自动变为 0，轮廓线的颜色也会变成填充的颜色。应用"轮廓"命令前后的效果如图 5-87 所示。

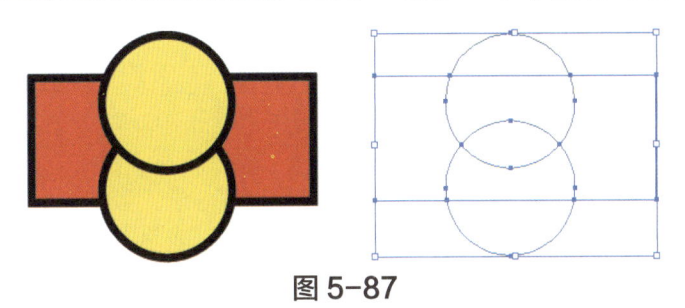

图 5-87

（6）减去后方对象。使用"减去后方对象"命令可以在最上面一个对象的基础上，把与后面所有相重叠的部分删除，最后显示最上面对象的剩余部分，并组成一个闭合路径。应用"减去后方对象"命令的前后效果如图 5-88 所示。

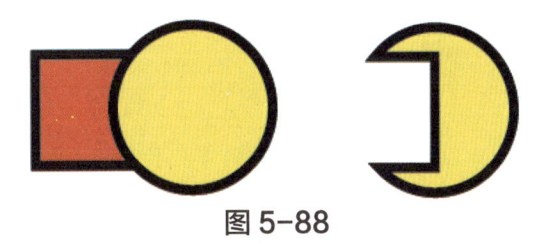

图 5-88

5.3 实战演练

请结合本项目中的案例，运用所学的技能，制作如图 5-89 所示的光盘包装设计。

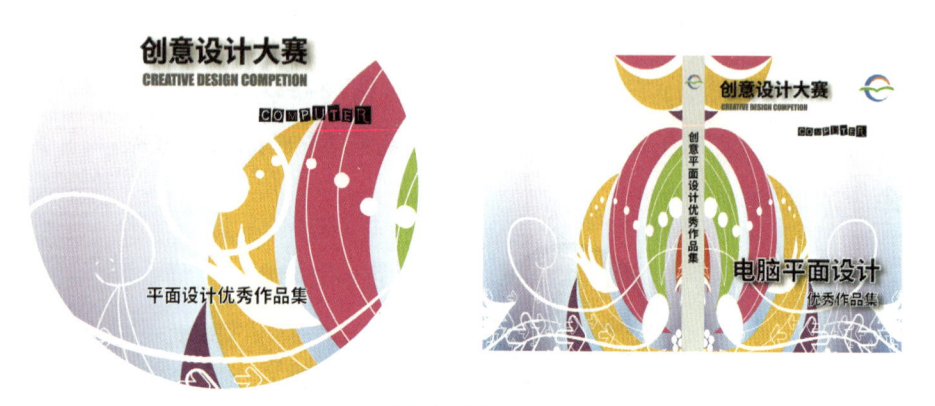

图 5-89

[提示]：

（1）光盘的边缘要留 2mm 出血线，盘盒边缘要留 3mm 出血线。

（2）光盘上的字号、字体用 14pt 宋体，白色描边。

（3）盘盒上的"电脑平面设计"的字号、字体采用 36pt 宋体，白色描边，投影；"优秀作品集"字号、字体采用 24pt 宋体，白色描边，投影。盒脊上的文字采用 18pt 宋体。

项目6 图书封面设计

[6]

● 本项目需要学习什么？

◇ 图书封面设计的相关岗位知识
◇ "Illustrator图书封面"设计制作
◇ 案例中采用的透明度面板使用技法
◇ 在设计元素上，使用原创设计，培养学习者建立版权意识、自主设计的意识，养成尊重版权、拒绝盗版、勇于创新的正确价值观

● 如何学习好本项目的内容？

◇ 书是我们日常生活中经常接触的一样物品，同学们对书籍非常熟悉，在学习本项目前，你可以搜集一些不同类型的书籍，比如说时尚杂志、畅销书籍、学术类杂志以及同学们每天学习所使用的教科书等等，按学习小组一起欣赏、分享你的成果，并讨论每种类型的书籍在封面设计上有什么特点。

◇ 通过学习资源，预习透明度面板的使用技法，可以加深对案例中相关操作的理解。同时认真完成制作案例与拓展案例。

6.1 Illustrator校本教材封面设计

项目背景介绍

该封面是 Illustrator 校本教材封面设计制作，除了必不可少的正封、封底和书脊，还有前勒口和后勒口。在设计风格方面，要体现课程专业的特色。尺寸规格为 260mm×505mm，横版设计。

关键技术点

- 使用矩形工具和圆角矩形工具绘制各种矩形
- 使用"对齐"面板确定图形位置
- 建立参考线辅助绘制图形
- 使用文字工具添加必要文字
- 建立不透明蒙版
- 建立剪切蒙版

6.1.1 项目实施分析

1. 制作标准分析

本案例制作的是计算机专业教材所使用的封面，本案例中封面的正封、封底和书脊以及前勒口和后勒口需要我们用 Illustrator 制作，封面所使用的图形是现有的素材图，直接使用即可。

在案制作本例时，最为主要的是尺寸的准确性，另外，做书籍封面设计要考虑到出血线，

其具体的尺寸规格为高度 260mm× 宽度 505mm，加上高度 6mm 和宽度 6mm 的出血，即高度 266mm× 宽度 511mm；另外，书脊为高度 260mm× 宽度 15mm，前勒口及后勒口为高度 260mm× 宽度 60mm，前封页与后封页为高度 260mm× 宽度 185mm，如图 6-1 所示。

图 6-1

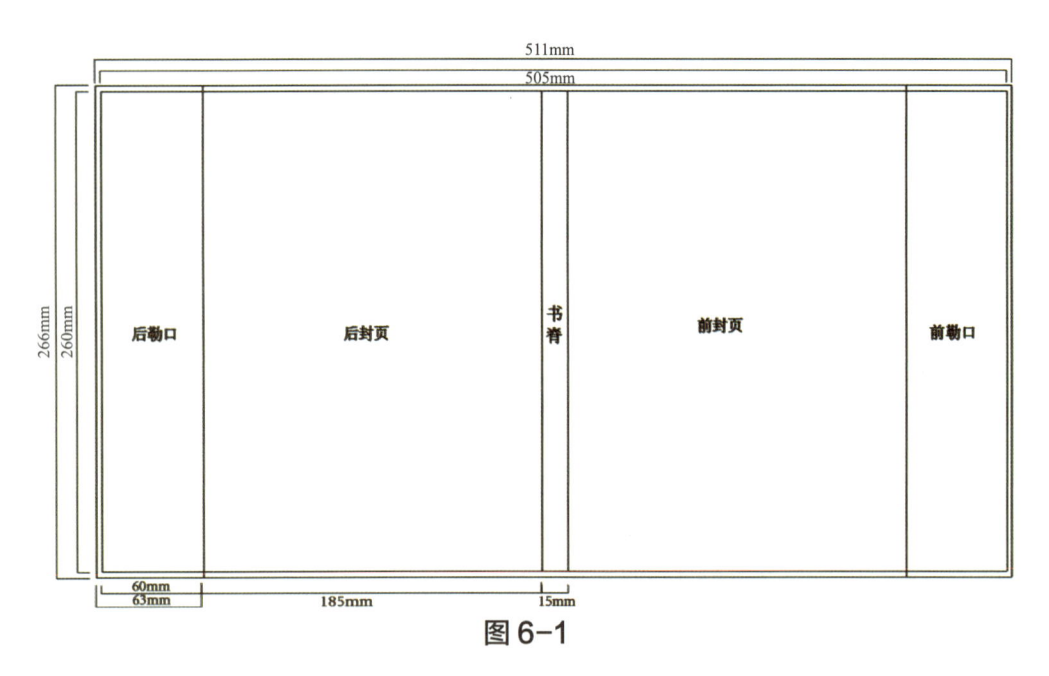

按照此规格，制作出来的封面效果如图 6-2 所示。

图 6-2

2. 制作主要流程

（1）认真理解客户的制作要求，做好设备、素材的准备工作。

（2）利用矩形工具和偏移路径建立各个矩形。

（3）按需要对齐矩形，将所建立的矩形转化为参考线。

（4）制作后封页。

（5）制作书脊。

（6）制作前封页。

（7）制作前、后勒口。

（8）保存工程文件，导出 JPG 格式的效果预览图，交付客户审阅。

6.1.2 项目实施制作

01 按 Ctrl+N 组合键打开"新建文档"对话框，设置宽度为 600mm，高度为 300mm，颜色模式为 CMYK，如图 6-3 所示，单击"确定"按钮，创建一个新的空白文件，如图 6-4 所示。

图 6-3

图 6-4

02 选择"矩形工具" ▭，设置填充颜色为"无"，描边颜色为黑色，如图 6-5 所示；在文档中单击，在弹出的对话框中设置宽度为 391mm，高度为 260mm，如图 6-6 所示。

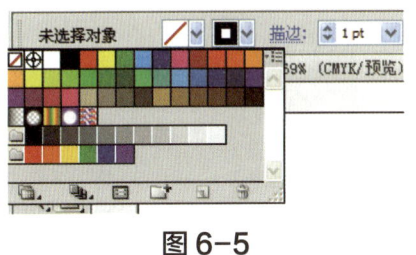

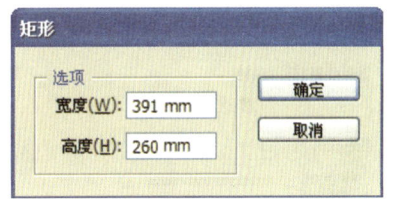

图 6-5

图 6-6

03 创建完的效果如图 6-7 所示；执行"对象"→"路径"→"偏移路径"命令，在弹出的对话框中设置位移为 3mm，如图 6-8 所示。

图 6-7

图 6-8

04 再次选择"矩形工具" ▭，用同样的方法绘制一个宽度为 511mm、高度为 260mm 的矩形，并执行"对象"→"路径"→"偏移路径"命令，设置位移为 3mm；再绘制一个宽度为 15mm、高度为 260mm 的矩形，选择"选择工具" ▶，选中所有矩形，执行"窗口"→"对齐"命令，打开"对齐"面板，先单击"水平居中对齐"按钮 ♁，如图 6-9 所示；再单击"垂直居中对齐"按钮 ♁，如图 6-10 所示。

图 6-9 　　　　　　　　　　　　图 6-10

05 此时效果如图 6-11 所示。保持所有矩形处于被选中的状态，按 Ctrl+5 组合键，将路径转换为参考线，按 Ctrl+2 组合键锁定参考线，如图 6-12 所示。

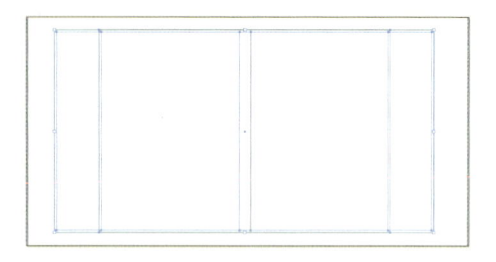

图 6-11 　　　　　　　　　　　　图 6-12

06 选择"矩形工具"，双击填充颜色，设置 CMYK 值如图 6-13 所示（C: 83 M: 47 Y: 100 K: 10），描边颜色为"无"，建立一个矩形，宽度为 397mm，高度为 266mm，然后放置到如图 6-14 所示的位置。

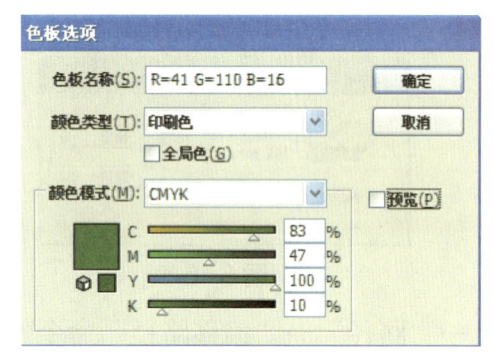

图 6-13　　　　　　　　　　　　图 6-14

07 执行"文件"→"打开"命令，打开"素材 1.ai"，选中并按 Ctrl+C 组合键将其复制，然后回到本文档中，按 Ctrl+V 组合键粘贴，放置到如图 6-15 所示的位置。选择"文字工具"，输入"普通中等职业学校系列教材"，设置字体为"方正粗倩 –GBK"，字号大小为 26pt，颜色为白色，完成后的效果如图 6-16 所示。

图 6-15 　　　　　　　　　　　　图 6-16

08 用同样的方法打开"素材2.psd"和"logo.psd",并将其复制并粘贴到本文档中,调整其大小并放置到如图6-17所示的位置。

09 选择"矩形工具"，设置填充色为浅灰色（C: 0 M: 0 Y: 0 K: 20），描边颜色为无，建立一个宽度为15mm、高度为266mm的矩形,并放置到如图6-18所示的位置。

图6-17

图6-18

10 选择"直排文字工具"，如图6-19所示,在封套书脊处单击,输入"十四五规划系列教材　图形设计与案例应用 主编 裴春录",设置字体为黑体,字号大小为14pt,颜色为黑色;打开文件"校标2.psd",复制并粘贴到本文档中,在书脊上、下处各添加一校标,效果如图6-20所示。

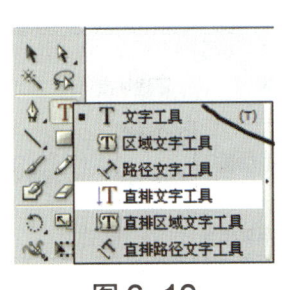

图6-19

图6-20

11 打开文件"教室1.bmp",锁定宽高比,然后设置其宽度为191mm,高度会自动生成,如图6-21所示;然后将该图像复制,并粘贴到本文档中;选择"矩形工具"，设置填充颜色为白色,描边为无,建立一个宽度为191mm、高度为58mm的矩形,并放置到如图6-22所示的位置。

图6-21

图6-22

12 选择"选择工具" ，将白色矩形和底下的图像一起选中，如图6-23所示；执行"窗口"→"透明度"命令，打开"透明度"面板，如图6-24所示。

图 6-23

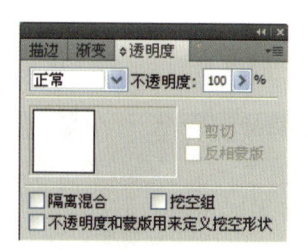

图 6-24

13 单击面板右上方的 按钮，在弹出的快捷菜单中执行"建立不透明蒙版"命令，如图6-25所示；此时"透明度"面板如图6-26所示。

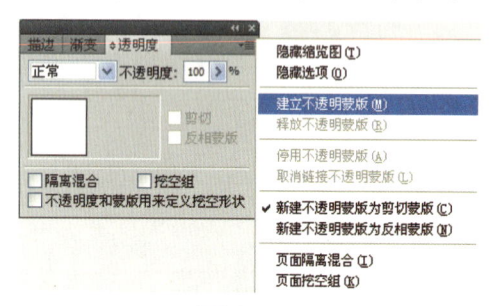

图 6-25

图 6-26

14 建立不透明蒙版后，文档中的白色矩形和图像效果如图6-27所示；此时默认选中的是"透明度"面板中左侧的图像缩览图，要想进一步编辑不透明蒙版，需要单击该面板中右侧蒙版缩览图，如图6-28所示。

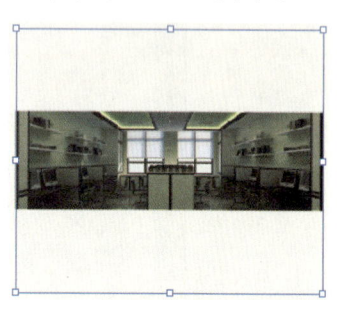

图 6-27

图 6-28

15 选中蒙版缩览图后，适当移动矩形位置，使之如图6-29所示；执行"窗口"→"渐变"命令，打开"渐变"面板，并设置"类型"为"线性"，如图6-30所示。

图 6-29

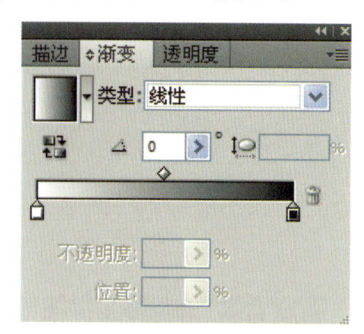

图 6-30

16 此时白色矩形和图像如图 6-31 所示。按住鼠标左键分别拖拽两个滑块,将白色滑块移到右边,黑色滑块移到左边,如图 6-32 所示。

图 6-31

图 6-32

17 在色带下边缘单击,添加一个渐变滑块,颜色为深灰色,如图 6-33 所示;选择右侧的白色滑块,设置其不透明度为 50,如图 6-34 所示。

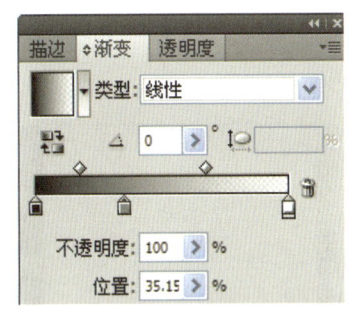

图 6-33

图 6-34

18 此时图像如图 6-35 所示。再次切换到"透明度"面板,选择左侧的图像缩览图,如图 6-36 所示。此时再移动的就是图像而不是蒙版了。

图 6-35

图 6-36

19 选择"矩形工具" ▭ ,绘制一个宽为 191mm、高为 58mm,描边为"无",填充色为白色的矩形,并放置到如图 6-37 所示的位置。在刚才处理的图像上单击鼠标右键,在弹出的快捷菜单中执行"排列"→"置于顶层"命令,如图 6-38 所示。

图 6-37

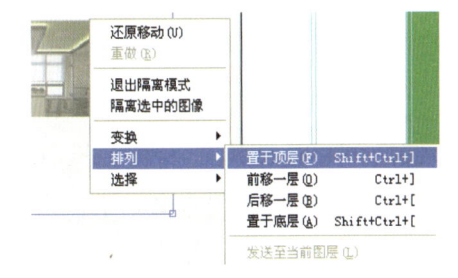

图 6-38

20 将该图像移到如图6-39所示的位置。选择"矩形工具" ，绘制一个宽191mm、高148mm，描边为"无"，填充色为白色的矩形，并放置到如图6-40所示的位置。

图 6-39    图 6-40

21 打开图片"教室2.jpg"，锁定宽高比，然后设置其高度为148mm，宽度会自动变成如图6-41所示。将该图像复制，并粘贴到本文档中。选择"矩形工具" ，设置填充颜色为白色，描边为"无"，再建立一个宽度为191mm、高度为148mm的矩形，并放置到如图6-42所示的位置，将图像遮盖住。

图 6-41 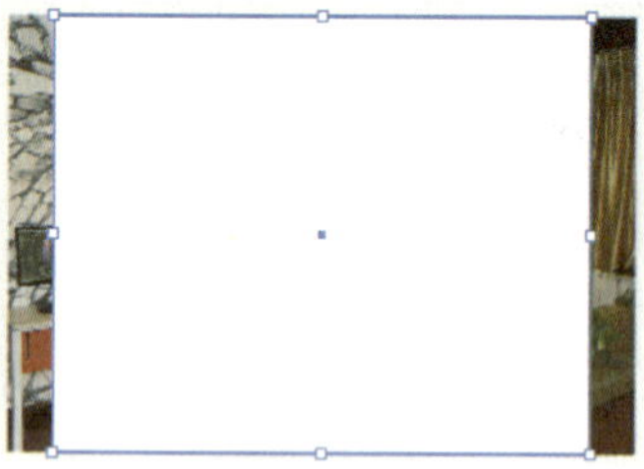   图 6-42

22 同时选中绘制的白色矩形和图像，并建立不透明蒙版，然后选择"透明度"面板中的蒙版缩览图，打开"渐变"面板，设置"类型"为"线性"，设置色带左边和右边的渐变滑块颜色均为黑色，在中间单击，添加一个渐变滑块，并设置该渐变滑块的颜色为灰色，"不透明度"的值为60，如图6-43所示。

23 选择"渐变工具" ，在图像上按住鼠标左键自上向下拖拽鼠标，直至拖拽到图像下方再释放鼠标左键，如图6-44所示。

图 6-43    图 6-44

24 切换到"透明度"面板，选择图像缩览图；选择"选择工具" ，将制作好的不透明蒙版效果的图像移至图6-45所示的位置。

图 6-45

25 执行"文件"→"打开"命令，打开素材"Vocational School.psd"，选择"选择工具"，选中所有文字，按 Ctrl+C 组合键复制文字，切换到本文档中，按 Ctrl+V 组合键粘贴文字，再按 Ctrl+G 组合键将文字编组。然后将文字调整大小，并放置到如图 6-46 所示的位置。

图 6-46

26 选择"圆角矩形工具"，如图 6-47 所示；在文档中单击，在弹出的对话框中设置"宽度"为 35mm，"高度"为 35mm，"圆角半径"为 5mm，如图 6-48 所示。

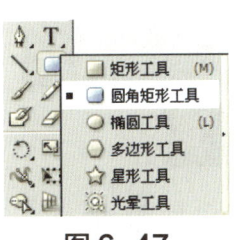

图 6-47 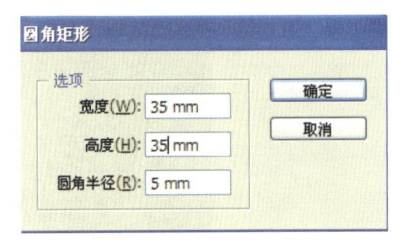   图 6-48

27 双击"填色工具"，如图 6-49 所示；在弹出的"拾色器"对话框中设置任意颜色，如图 6-50 所示；绘制出的圆角矩形如图 6-51 所示。

图 6-49 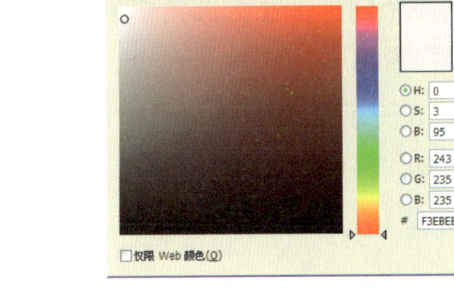   图 6-50    图 6-51

28 执行"文件"→"打开"命令，打开素材"楼盘广告.jpg"，按 Ctrl+C 组合键复制图像，切换到本文档中，按 Ctrl+V 组合键粘贴；在刚才画好的圆角矩形上单击鼠标右键，执行"排列"→"置于顶层"命令，然后将圆角矩形放置到该图像上，如图 6-52 所示。

29 选择"选择工具"，同时选中圆角矩形和"楼盘广告.jpg"图像，按 Ctrl+7 组合键建立剪切蒙版，效果如图 6-53 所示。

30 再次绘制一个同样大小的圆角矩形，并打开素材"卡通.jpg"，同时选中后建立剪切蒙版，如图 6-54 所示。

图 6-52 　　　　　图 6-53 　　　　　图 6-54

31 用同样的方法建立其他圆角矩形，并放置到如图 6-55 所示的位置（提示：可使用"对齐"面板中的相关按钮对齐图像）。

图 6-55

32 选择"圆角矩形工具"，绘制一个同样大小的圆角矩形（宽度和高度均为 35mm，圆角半径为 5mm），填充任意颜色，执行"窗口→透明度"命令，打开"透明度"面板，设置该圆角矩形的透明度为 20%，如图 6-56 所示；选中该圆角矩形，按 Ctrl+C 组合键复制，再按 Ctrl+V 组合键粘贴，一共粘贴 3 次，然后分别放置到如图 6-57 所示的位置。

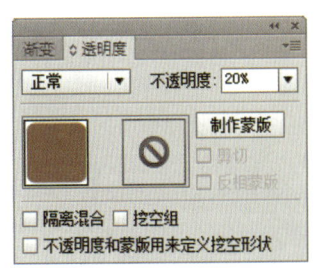

图 6-56

图 6-57

33 选择"文本工具" T ，在封面底部输入"北京理工大学出版社"，字体为"宋体"，大小为 12pt，如图 6-58 所示。

34 在两个图片中间的矩形框中输入"十四五规划系列教材"，字体为"方正粗倩简体"，字号大小为 15pt；输入"Illustrator 图形设计与案例应用"，字号大小为 28pt；输入"主编 裴春录"，字号大小为 15pt，文字的颜色均为白色，效果如图 6-59 所示。

图 6-58

图 6-59

35 执行"文件"→"打开"命令，打开素材"Vocational School.psd"，按 Ctrl+C 组合键复制文字，切换到本文档中，按 Ctrl+V 组合键粘贴，放置到如图 6-60 所示的位置。

36 选择矩形工具，根据参考线绘制出书籍的前、后勒口，填充颜色为（C：33 M：0 Y：51 K：0），选取的颜色如图 6-61 所示。

图 6-60

图 6-61

37 选择"文本工具"，在右侧的前勒口上添加主编简介文字内容，字体为"宋体"，字号大小为 8pt，如图 6-62 所示；在左侧的后勒口的底部输入"装帧设计 / 平面设计工作室 010-12345678"，字体和大小同前，效果如图 6-63 所示。

图 6-62

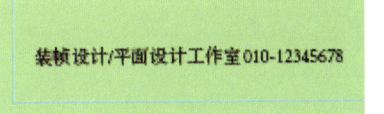

图 6-63

38 最后完成的效果如图 6-64 所示。

图 6-64

6.2 技能拓展

通过前面的实战环节，我们发现，为了完成本项目的"Illustrator 校本教材封面设计"，我们主要使用了矩形工具和"透明度"面板。矩形工具的用法在前面的章节中已经介绍过了，本章我们主要介绍一下"透明度"面板的作用以及如何建立"不透明蒙版"。

6.2.1 认识"透明度"面板

透明度是 Illustrator 中对象的一个重要外观属性。Illustrator 的透明度，通过设置，绘图页面上的对象可以是完全透明、半透明或者不透明 3 种状态。在"透明度"面板中，可以给对象添加不透明度，还可以改变混合模式，从而制作出新的效果。

执行"窗口"→"透明度"命令（快捷键为 Shift+Ctrl+F10），弹出"透明度"面板，如图 6-65 所示。单击面板右上方的 按钮，在弹出的菜单中选择"显示缩览图"命令，可以将"透明度"面板中的缩览图显示出来，如图 6-66 所示；在弹出的菜单中选择"显示选项"命令，可以将"透明度"面板中的选项显示出来，如图 6-67 所示。

图 6-65　　　　　图 6-66　　　　　图 6-67

1."透明度"面板的表面属性

在图 6-67 所示的"透明度"面板中，当前选中对象的缩览图出现在其中。当"不透明度"选项设置为不同的数值时，效果如图 6-68 所示（默认状态下，对象是完全不透明的）。

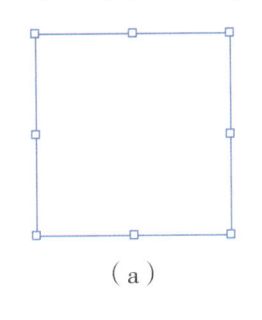

（a）　　　　　（b）　　　　　（c）

图 6-68

（a）不透明度值为 0 时；（b）不透明度值为 50 时；（c）不透明度值为 100 时

- 隔离混合：在"图层"面板中选择一个图层或组，然后选中该复选框，可以将混合模式与所选图层或组隔离，使它们下方的对象不受混合模式的影响。
- 挖空组：选中该复选框后，可以保证编组对象中单独的对象或图层在相互重叠的地方不能透过彼此而显示。
- 不透明度和蒙版用来定义挖空形状，用来创建与对象不透明度成比例的挖空效果。挖空是指透过当前的对象显示出下面的对象。要创建挖空效果，对象应使用除"正常"模式以外的混合模式。

选中"图层"面板中要改变不透明度的图层，单击图层右侧的图标 ，将其定义为目标图层，在"透明度"面板的"不透明度"选项中调整不透明度的数值，此时的调整会影响到整个图层的不透明度的设置，包括此图层中已有的对象和将要绘制的任何对象。

2."透明度"面板的下拉菜单

单击"透明度"面板右上方的 按钮，弹出下拉菜单，如图6-69所示。

"建立不透明蒙版"命令可以将蒙版的不透明度设置应用到它所覆盖的所有对象中。前面介绍过"剪切蒙版"，它和"不透明蒙版"的区别在于："剪切蒙版"主要用于控制对象的显示区域；"不透明蒙版"主要用于控制对象的显示程度。路径、复合路径、组对象或文字都可以用来创建蒙版。下面介绍如何创建和编辑"不透明蒙版"。

（1）创建不透明蒙版。创建不透明蒙版时，首先要将蒙版图形放在被遮盖的对象上面，如图6-70和图6-71所示，并将它们选中，如图6-72所示，单击"透明度"面板右上方的 按钮，在弹出的下拉菜单中执行"建立不透明蒙版"命令，即可创建不透明蒙版，效果如图6-73所示。蒙版对象（上方的对象）中的黑色会遮盖下方对象，使其完全透明；灰色会使对象呈现半透明效果；白色不会遮盖对象。如果用做蒙版的对象是彩色的，那么Illustrator会将它转换为灰度模式，再来遮盖对象。

图6-69

图6-70　　图6-71　　图6-72　　图6-73

（2）编辑不透明蒙版。创建不透明蒙版后，"透明度"面板中会出现两个缩览图，左侧是被遮盖的对象的缩览图，右侧是蒙版缩览图，如图6-74所示。如果要编辑对象，那么应单击对象缩览图，如图6-75所示；如果要编辑蒙版，那么应单击蒙版缩览图，如图6-76所示。

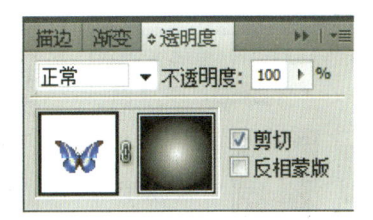

图 6-74

图 6-75 　　　　　　　　　　　　　图 6-76

此外，在"透明度"面板中还可以设置以下选项：

• 链接按钮：两个缩览图中间的按钮表示对象与蒙版处于链接状态，此时移动或旋转对象时，蒙版将同时变换，遮盖位置不会变化。单击该按钮可以取消链接，此后可以单独移动对象或者蒙版，也可对其执行其他操作。

• 剪切：在默认情况下，该复选框处于选中状态，此时位于蒙版以外的对象都被剪切掉，如果取消选中该复选框，那么蒙版以外的对象会显示出来，如图 6-77 所示。

• 反相蒙版：选中该复选框，可以翻转蒙版的遮盖范围，如图 6-78 所示。

图 6-77 　　　　　　　　　　　　　图 6-78

操作技巧如下：

按住"Alt"键单击蒙版缩览图，文档窗口中就会单独显示蒙版对象，如图 6-79 所示；按住"Shift"键单击蒙版缩览图，可以暂时停用蒙版，缩览图上会出现一个红色的"×"，如图 6-80 所示；按住相应键再次单击缩览图，可恢复不透明蒙版。

图 6-79

图 6-80

（3）释放不透明蒙版。如果要释放不透明蒙版，那么可以选择对象，然后单击"透明度"面板右上方的 图标，在弹出的下拉菜单中选择"释放不透明蒙版"命令，如图 6-81 所示，对象就会恢复到蒙版前的状态了，如图 6-82 所示。

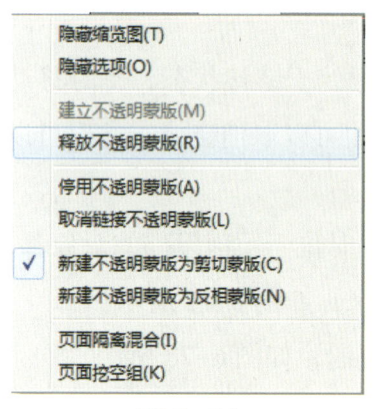

图 6-81

图 6-82

3."透明度"面板中的混合模式

在"透明度"面板中提供了 16 种混合模式，如图 6-83 所示。置入一张图像，效果如图 6-84 所示。在图像上绘制一个星形并保持选中状态，效果如图 6-85 所示。分别选择不同的混合模式，可以观察图像的不同变化，效果如图 6-86 所示。

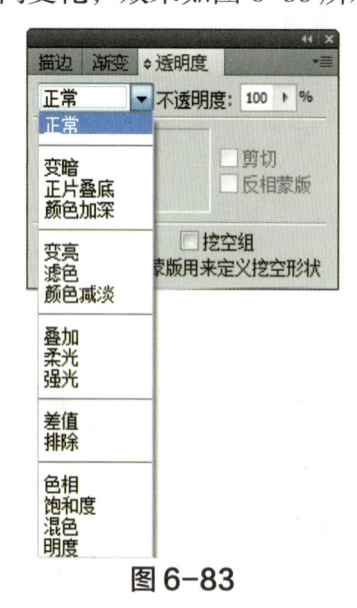

图 6-83

图 6-84

图 6-85

（a）　（b）　（c）　（d）

（e）　（f）　（g）　（h）

（i）　（j）　（k）　（l）

（m）　（n）　（o）　（p）

图 6-86

（a）正常模式；（b）变暗模式；（c）正片叠底模式；（d）颜色加深模式；（e）变亮模式；
（f）滤色模式；（g）颜色减淡模式；（h）叠加模式；（i）柔光模式；（j）强光模式；（k）差值模式；
（l）排除模式；（m）色相模式；（n）饱和度模式；（o）混色模式；（p）明度模式

6.3 实战演练

请结合"Illustrator 校本教材封面设计"案例,运用所学习的技能,制作如图 6-87 所示的项目实训手册。

图 6-87

[提示]:

(1)按 Ctrl+N 组合键新建画布,宽为 420mm,高为 297mm。

(2)按 Ctrl+R 组合键拉一个标尺,如图 6-88 所示。

图 6-88

（3）置入素材图片"花纹"；输入文字"数字影像技术专业""项目实训手册""班级""姓名"，字体为"微软雅黑"，字号大小为 30pt，调整位置；在"班级""姓名"后建立两个直线路径，如图 6-89 所示。

图 6-89

（4）建立参考线，参考图 6-90 所示的标尺数值。

图 6-90

（5）选择"矩形工具"，建立一个宽为 185mm、高为 23mm 的矩形，如图 6-91 所示。

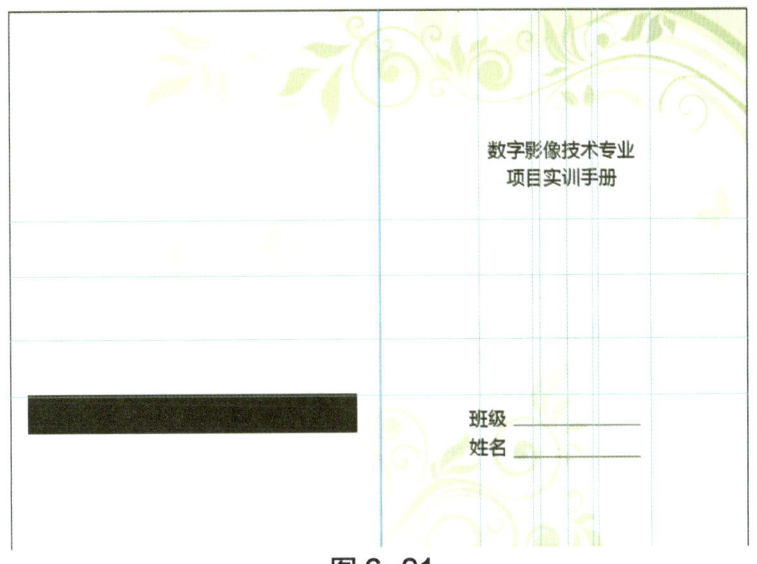

图 6-91

（6）选择"渐变工具" 填充矩形，效果如图 6-92 所示。

图 6-92

（7）选择渐变工具，调整颜色数值，如图 6-93 所示。

（8）建立两个白色矩形，按住 Alt+Shift 组合键保持水平向右平移，按住 Ctrl+D 组合键将矩形框从左填到右，如图 6-94 所示。

图 6-93

图 6-94

（9）建立彩色圆角矩形，位置、颜色、大小如图 6-95 所示。

（10）置入素材，大小和位置如图 6-96 所示，将右边的图形复制到左边，如图 6-97 所示。

图 6-95

图 6-96

（11）最后完成的效果如图 6-97 所示。

图 6-97

项目7 海报设计

本项目需要学习什么？

◇ 海报设计的相关知识
◇ "商场促销海报"设计制作
◇ 案例中采用的文字工具、直线工具及图层的使用技法
◇ 设计行业是一个需要终身学习的行业。设计之美永无止境，引导学习者紧跟时代潮流，与时俱进，树立终身学习的理念，不断更新技术与提高审美能力

如何学习好本项目的内容？

◇ 海报在现实生活中随处可见，如各种商业海报、电影海报、创意海报和公益海报等。在学习本项目前，同学们可以通过报刊、互联网等媒介搜集感兴趣的海报设计，并带到课堂上，再分学习小组来欣赏、分享各自的成果并可以就海报的色彩、构图、艺术性等大家感兴趣的问题进行讨论。
◇ 通过已掌握的学习资源，预习Illustrator文字工具和直线工具的使用技法，以加深对案例中相关操作的理解。同时认真完成制作案例与拓展案例。

7.1 商场促销海报设计

项目背景介绍

该海报为商场促销海报，起到为顾客提供商场促销信息、为商场宣传并招揽顾客的作用。

关键技术点

- 使用矩形工具制作海报背景
- 新建图层用于图片处理，以实现海报的规范化设计
- 使用艺术效果画笔对文字进行描边修饰
- 使用文字工具编辑文字，并用直接选择工具来调整文字外观
- 使用直线工具和干画笔，调整图片的不透明度

7.1.1 项目实施分析

1. 制作标准分析

本案例制作的是商场促销海报，如图7-1所示。具体设计要求如下：

（1）促销海报的主色为蓝色（036EB8），配色为黄色（FFF100）、粉色（D31177）。

（2）"低价来袭"字体为"方正大黑"，其余字体为"方正琥珀简体"。

（3）尺寸为420mm×297mm，增加高度和宽度为3mm的出血。

图7-1

2. 制作主要流程

（1）认真理解客户的制作要求，做好设备、素材的准备工作。

（2）新建空白文档，并建立参考线。

（3）按样图建立矩形图案。

（4）使用文字工具输入文字。

（5）在新图层上置入素材图片，调整不透明度，完成作品。

（6）保存工程文件，导出 JPG 格式的效果预览图，交付客户审阅。

7.1.2 项目实施制作

01 按 Ctrl+N 组合键打开"新建文档"对话框，设置宽度为 420mm，高度为 297mm，取向为横向，如图 7-2 所示，单击"确定"按钮，以创建一个新的空白文件，如图 7-3 所示。选择"矩形工具"，建立一个 420mm×297mm 的矩形，对齐到画布，选中该矩形，执行"对象"→"路径"→"偏移路径"命令，设置路径位移 3mm，其他参数不变，单击"确定"按钮，生成一个新的矩形。选中这两个矩形，按 Ctrl+5 组合键建立参考线，如图 7-4 所示。

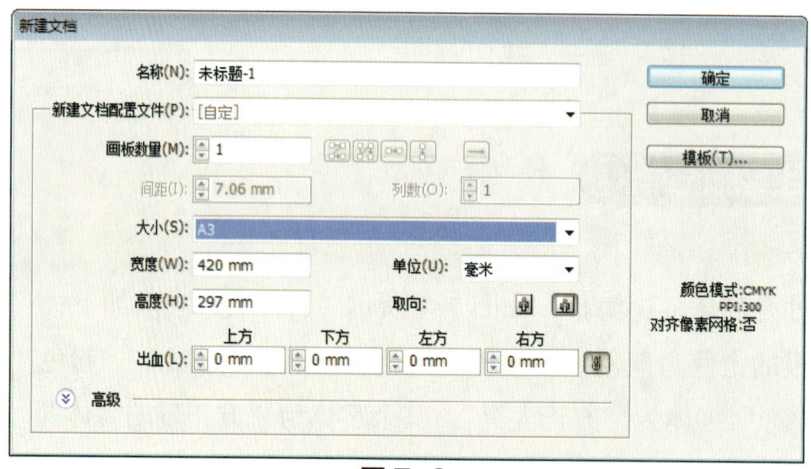

图 7-2

图 7-3　　　　　　　　　　图 7-4

02 以前景色的白色为背景色，在默认图层上新建一个图层，如图 7-5 所示。选中"图层 1"，按 Ctrl+R 组合键打开标尺，如图 7-6 所示。建立参考线（居中），如图 7-7 所示。

图 7-5

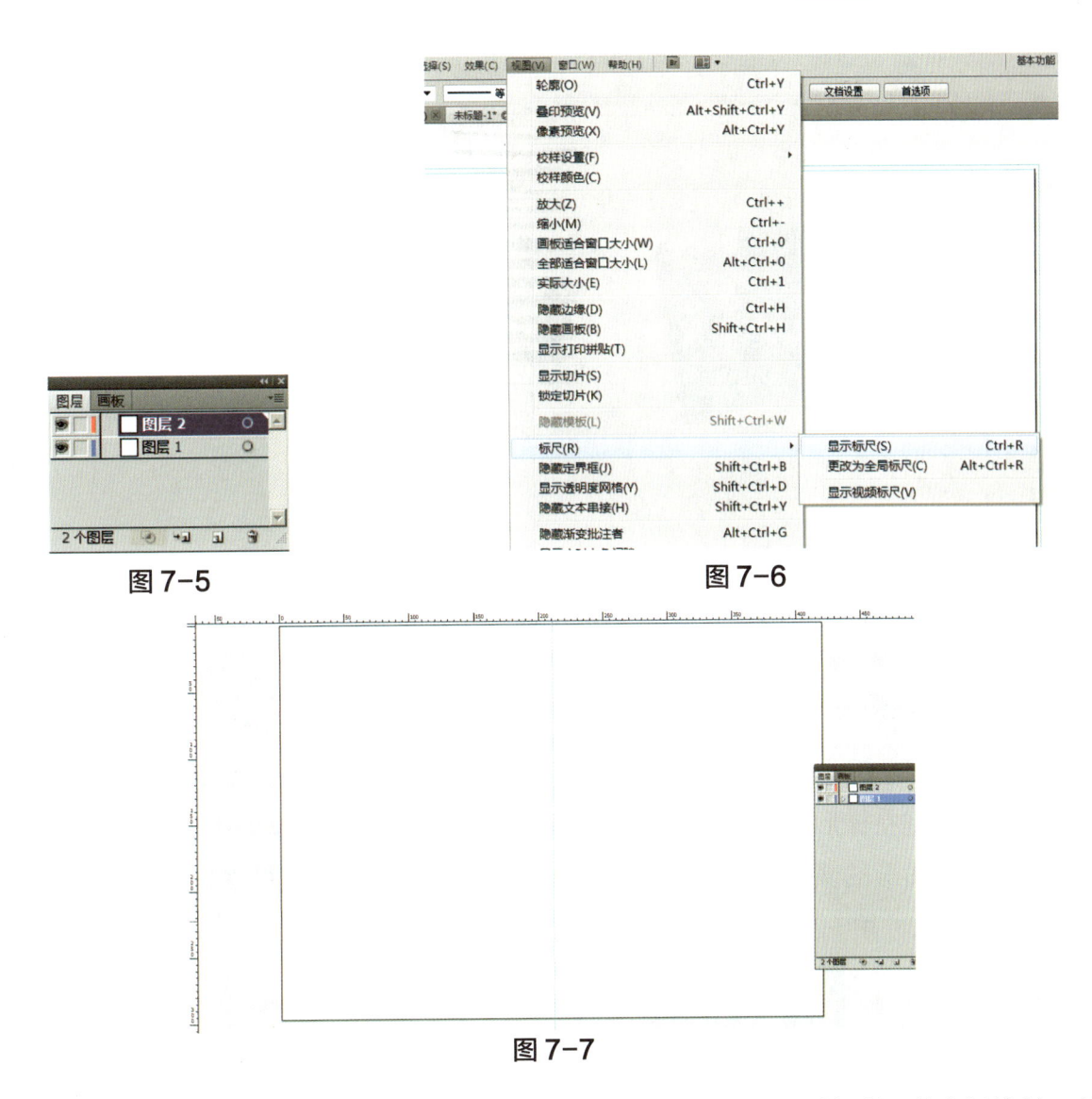

图 7-6

图 7-7

03 选择"矩形工具" ▢，建立一个 268mm×135mm 的矩形，并对矩形进行旋转，填充颜色为蓝色（036EB8），旋转角度为 –27°，如图 7-8 所示。选中该矩形，设置其描边属性为白色 1pt，打开画笔面板，选择"艺术效果"→"艺术效果画笔"→"速绘画笔 3"选项，设置描边的选项如图 7-9 所示；设置其描边的效果如图 7-10 所示；按 Ctrl+7 组合键，建立剪切蒙版，如图 7-11 所示。

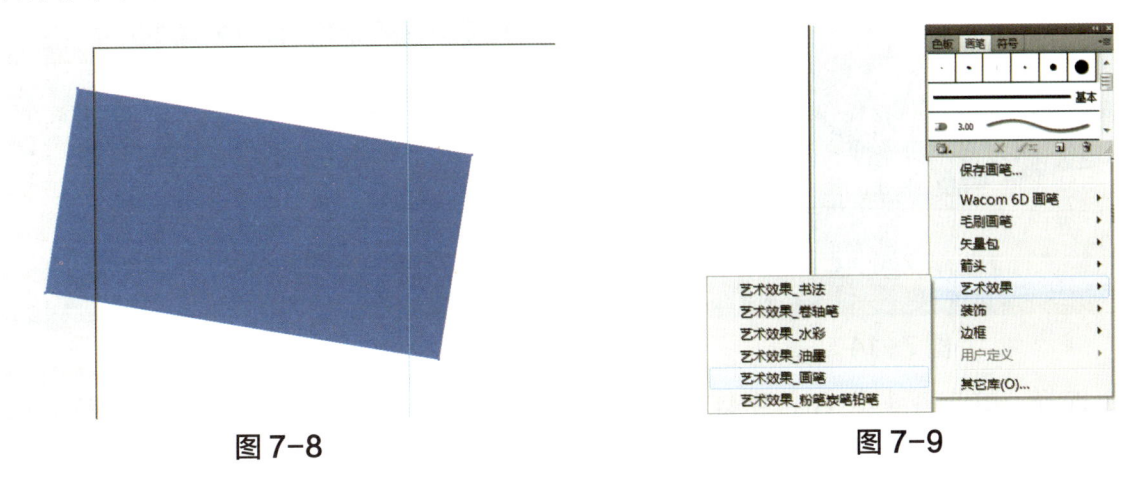

图 7-8

图 7-9

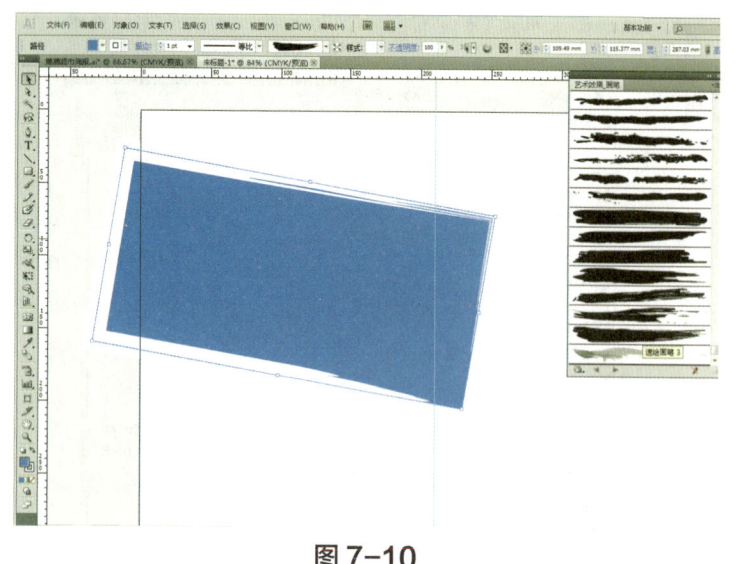

图 7-10　　　　　　　　　　　　　　　图 7-11

04 选择"矩形工具"，新建一个 209mm×297mm 的矩形，并置于前一个矩形的右方，填充颜色为蓝色（036EB8），效果如图 7-12 所示；再次选择"矩形工具"，新建一个 105mm×30mm 的矩形，并置于画布左下方，填充颜色为黄色（FFF100），使用"直接选择工具"，按住鼠标左键，将该矩形右上角下移，矩形变为梯形，选中该梯形，双击镜像工具，按住"Alt"键在梯形右边单击，在右边复制出一个一样的垂直镜像图形，效果如图 7-13 所示；修改右边图形的颜色为蓝色（036EB8），如图 7-14 所示；最后选择"钢笔工具"，绘制一个多边形，并填充颜色为粉色（D31177），效果如图 7-15 所示。

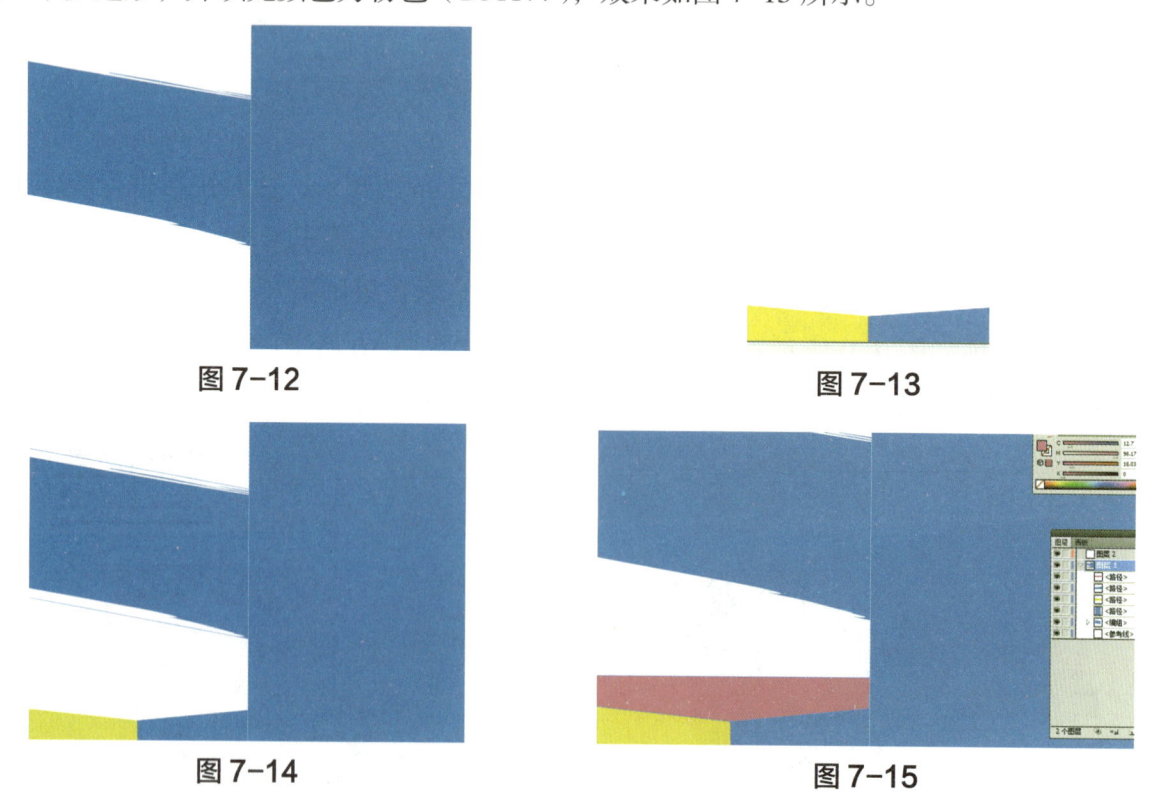

图 7-12　　　　　　　　　　　　　　　图 7-13

图 7-14　　　　　　　　　　　　　　　图 7-15

05 选择"文字工具"，字体为"方正大黑"，字号大小为 28pt，填充颜色为黄色（0FFF100），描边颜色为橙色（EA5514），描边粗细为 9pt，如图 7-16 所示；执行"创建轮廓"

命令将选中的文字扩展为路径；在文字上单击鼠标右键取消编组，执行"直接选择工具" ，对文字外观进行调整，效果如图 7-17 所示；选择"文字工具" ，输入如图 7-18 所示的文字，字体为"方正琥珀简体"。

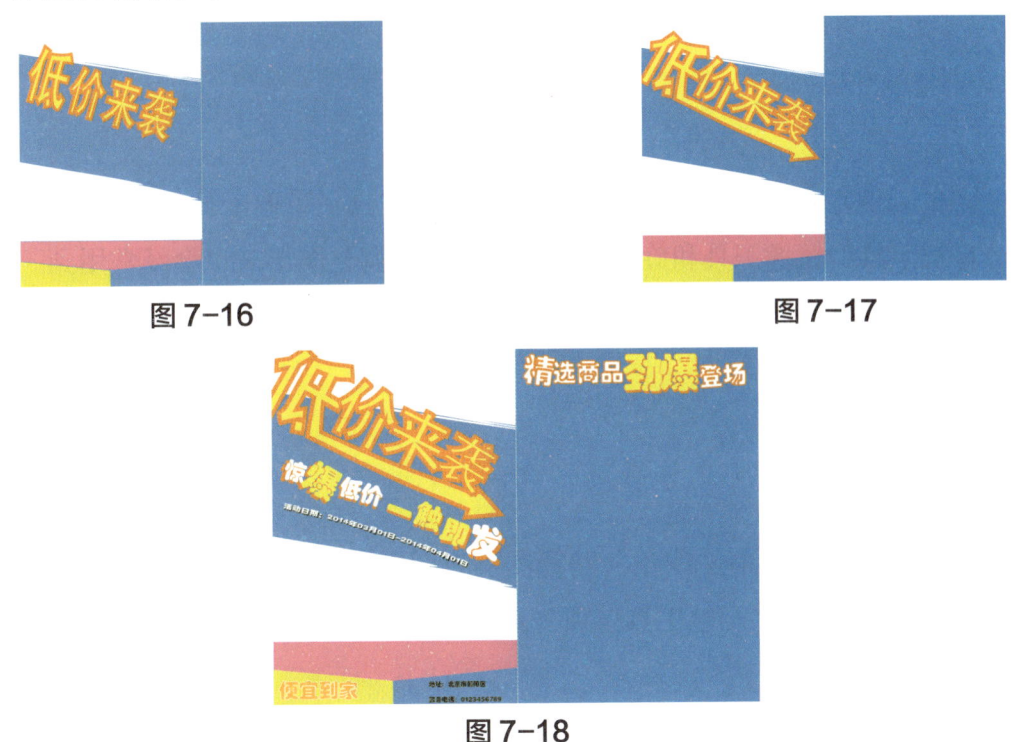

图 7-16

图 7-17

图 7-18

06 选中"图层 2"，置入素材 1、素材 2、素材 3，如图 7-19 所示。

07 选择"直线工具" ，使用"干画笔 7"，然后降低线条的不透明度至 52%，并置于图片红色方块上方，效果如图 7-20 所示。

图 7-19

图 7-20

7.2 技能拓展

前面介绍的"商场促销海报设计"中用到了画笔工具、矩形工具和文字工具等。另外，铅笔工具、橡皮工具、镜像工具和旋转工具在绘制或者调整图形时也会经常用到。下面就来具体学习一下这些工具的操作知识。

7.2.1 画笔工具

1. 画笔工具的使用

画笔工具用于徒手画、书法线条、路径图稿、图案和毛刷画笔描边。图7-21所示的"画笔工具选项"对话框中各选项的含义介绍如下：

● 在"保真度"文本框中可输入0.5~20的数值，值越大，笔刷路径越接近鼠标拖拽的路径；值越小，笔刷路径越偏离鼠标拖拽的路径。

● 在"平滑度"文本框中可输入数值或拖拽滑块来设置平滑度，其取值范围为0%~100%，数值越大，所绘制的笔刷路径越平滑。

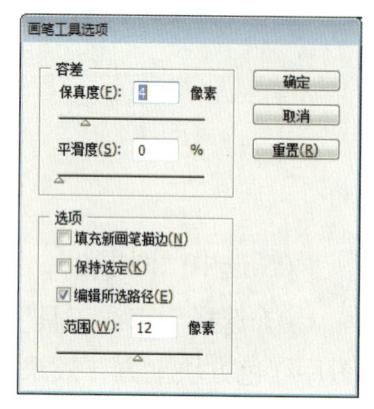

图 7-21

● 选中"填充新画笔描边"复选框，新建的笔刷路径将被填充。
● 选中"保持选定"复选框，所创建的笔刷路径在释放鼠标左键后将仍处于被选中状态。
● 选中"编辑所选路径"复选框，可对新创建的路径图形进行再编辑。

（1）书法画笔。书法画笔可以模拟墨水笔、画笔的效果，如图7-22所示。使用书法笔刷可以对笔尖进行相应设定，制作不同的效果。

图 7-22

（2）散布画笔。散布画笔可以将矢量图形定义为笔刷，当施加给路径时，这些矢量图形副本就会沿着路径散布，如图7-23所示。

图 7-23

（3）**艺术画笔**。艺术画笔同样可以将矢量图形定义为笔刷，当施加给路径时，这些矢量图形就会沿着路径伸缩，如图 7-24 所示。

图 7-24

（4）**图案画笔**。图案画笔允许将 5 个矢量图形定义为图案笔刷的起点、终点、边线、内边角、外边角，当施加给路径时，这些矢量图形将会沿着路径的不同位置进行分布，如图 7-25 所示。这也是 Illustrator 中最复杂的笔刷。

图 7-25

2. 笔刷的使用

（1）**用笔刷绘制**。选中笔刷工具，在"笔刷"面板中选择相应的笔刷，直接在画布上绘制即可。

（2）**应用到路径**。选择要应用笔刷的路径，然后从"笔刷"面板里选择相应的笔刷即可，如图 7-26 所示。

图 7-26

7.2.2 铅笔工具

1. 绘制开放路径和闭合路径

铅笔工具可用于绘制开放路径和闭合路径，就像用铅笔在纸上绘图一样。这对于快速素描或创建手绘外观最有用。绘制路径后，若有需要，则可以立刻更改。

"铅笔工具选项"对话框如图7-27所示，其各选项的含义如下：

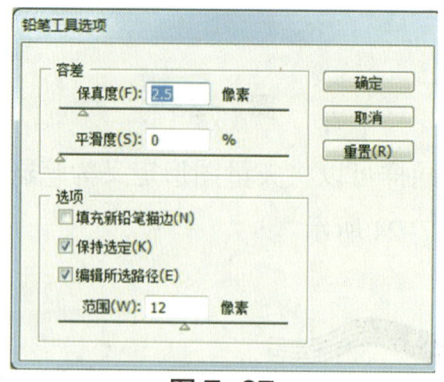

图 7-27

● 保真度：控制必须将鼠标指针或光笔移动多大距离才会向路径添加新锚点，如图7-28所示。值越大，路径就越平滑，复杂度就越低；值越小，曲线与指针的移动就越匹配，从而生成更尖锐的角度。保真度的范围为0.5~20像素。

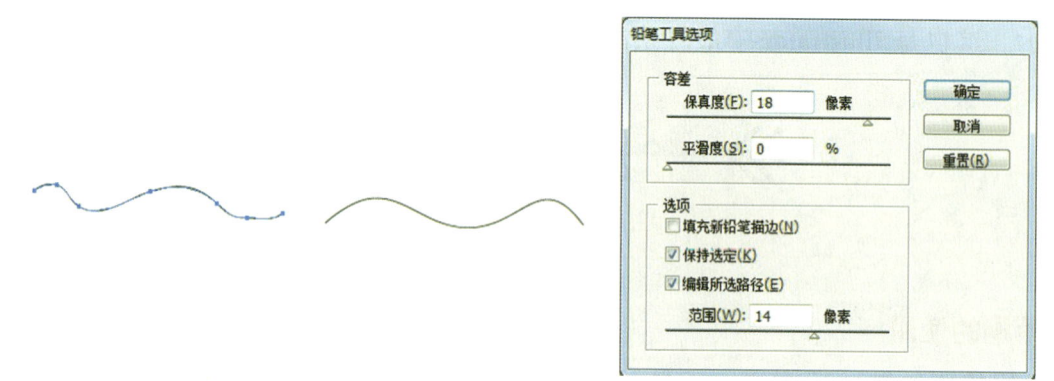

图 7-28

● 平滑度：控制使用工具时所应用的平滑量，如图7-29所示。平滑度的范围为0%~100%。值越大，路径就越平滑；值越小，创建的锚点就越多，保留的线条的不规则度就越高。

图 7-29

● 填充新铅笔描边：在选中此复选框后将对绘制的铅笔描边应用填充，但不对现有铅笔描边应用填充。

● 保持选定：确定在绘制路径之后是否保持路径的所选状态，此复选框默认为选中状态。

● 编辑所选路径：确定与选定路径相距一定距离时，是否可以更改或合并选定路径（通过"范围"选项指定），如图 7-30 所示。

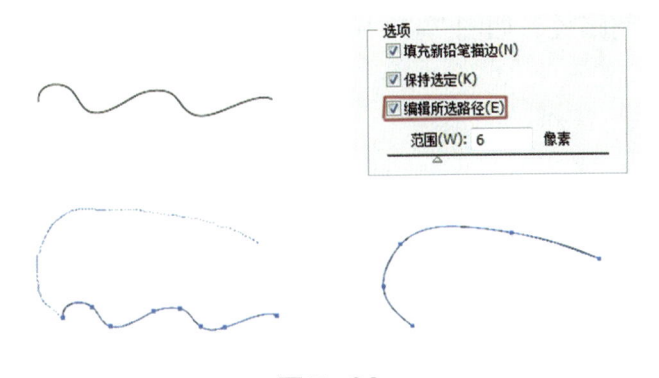

图 7-30

●范围：限定于选中了"编辑所选路径"复选框后，用来决定鼠标指针或光笔与现有路径必须达到多大的距离，才能使用铅笔工具编辑路径。

2. 绘制自由路径

选择"铅笔工具"，将鼠标指针移动到路径开始的地方，单击后拖拽鼠标，可以看到一条点线跟随鼠标指针出现，如图 7-31 所示。

图 7-31

3. 绘制开放路径的闭合

（1）如果是已经绘制好的路径，那么使用"直接选择工具"选择之后，执行"对象"→"路径"→"连接"命令，即可闭合路径，如图 7-32 所示。

（2）选择"铅笔工具"之后，定位到希望路径开始的地方，然后开始拖拽绘制路径。开始拖拽后，按住"Alt"键，铅笔工具显示一个小圆圈以指示正在创建一个闭合路径。当路径达到所需大小和形状时，释放鼠标，路径闭合后，松开"Alt"键。

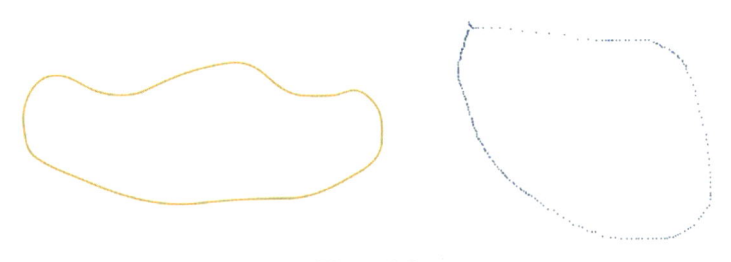

图 7-32

4. 编辑路径

可以使用铅笔工具编辑任何路径，并在任何形状中添加任意线条和形状。

（1）添加路径。使用"选择工具"选中现有路径，选择"铅笔工具"，将铅笔笔尖定位到路径端点，拖拽以绘制路径，如图7-33所示。

图 7-33

（2）连接两条路径。使用"选择工具"选中两条路径，选择"铅笔工具"，将鼠标指针定位到希望从一条路径开始的地方，然后开始向另一条路径拖拽。开始拖拽后，按住"Ctrl"键，拖拽到另一条路径的端点上，释放鼠标，然后松开"Ctrl"键，如图7-34所示。

图 7-34

7.2.3 橡皮擦工具

1. 橡皮擦工具的参数设置

橡皮擦工具 可以擦除图稿的任何区域，而不论图稿的结构如何。可以对路径、复合路径、实时上色组内的路径和剪贴路径使用橡皮擦工具。

图7-35所示为"橡皮擦工具选项"对话框，其各选项的含义介绍如下。

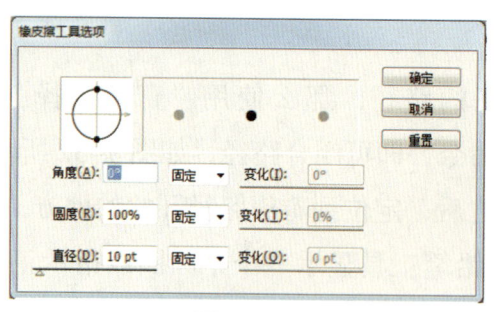

图 7-35

● 角度：确定此工具旋转的角度。拖拽预览区中的箭头，或在"角度"文本框中输入一个值。

● 圆度：确定此工具的圆度。将预览中的黑点朝向或背离中心方向拖拽，或者在"圆度"文本框中输入一个值，该值越大，圆度就越大。

● 直径：确定此工具的直径。使用"直径"滑块，或在"直径"文本框中输入一个值。

每个选项右侧的下拉列表框可以控制此工具的形状变化，可以选择下列其中一个选项。

● 固定：使用固定的角度、圆度或直径。

● 随机：使角度、圆度或直径随机变化。在"变量"文本框中输入一个值，指定画笔特征的变化范围。

●压力：根据绘画光笔的压力使角度、圆度或直径发生变化。此选项与"直径"选项一起使用时非常有用，只有在使用图形输入板时，才能使用该选项。在"变量"文本框中输入一个值，指定画笔特性将在原始值的基础上有多大变化。

●光轮笔：根据光轮笔的操作使直径发生变化。

●倾斜：根据绘画光笔的倾斜使角度、圆度或直径发生变化。此选项与"圆度"选项一起使用时非常有用。只有在使用可以检测钢笔倾斜方向的图形输入板时，此选项才可使用。

●方位：根据绘画光笔的方位使角度、圆度或直径发生变化。此选项对于控制书法画笔的角度（特别是在使用像画刷一样的画笔时）非常有用。只有在使用可以检测钢笔垂直程度的图形输入板时，此选项才可使用。

●旋转：根据绘画光笔笔尖的旋转程度使角度、圆度或直径发生变化。此选项对于控制书法画笔的角度（特别是在使用像平头画笔一样的画笔时）非常有用。只有在使用可以检测这种旋转类型的图形输入板时，才能使用此选项。

2. 橡皮擦工具的使用

选择"橡皮擦工具" ，在需要擦除的区域拖拽鼠标，擦除图稿，如图7-36所示。

图 7-36

7.2.4 镜像工具

1. 镜像工具的参数设置

运用镜像工具可以将图形按照水平、垂直或任意角度进行镜像操作。

图7-37所示为"镜像"对话框，其各选项的含义介绍如下。

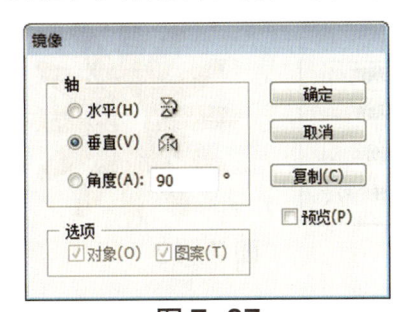

图 7-37

● 水平：选中该单选按钮，可以将所选择的图形按水平方向进行镜像操作。
● 垂直：选中该单选按钮，可以将所选择的图形按垂直方向进行镜像操作。
● 角度：用于设置所选图形镜像的倾斜角度。
● 复制：单击该按钮，系统将对图形按当前设置的参数进行镜像，并且还会在原图形窗口中保留原图形的同时复制镜像的图形。

2. 使用镜像工具镜像对象

选中需要镜像的对象，双击镜像工具，打开"镜像"对话框，选择镜像对象时所要基于的轴，可以基于水平轴、垂直轴或具有一定角度的轴镜像对象，如图 7-38 和图 7-39 所示。

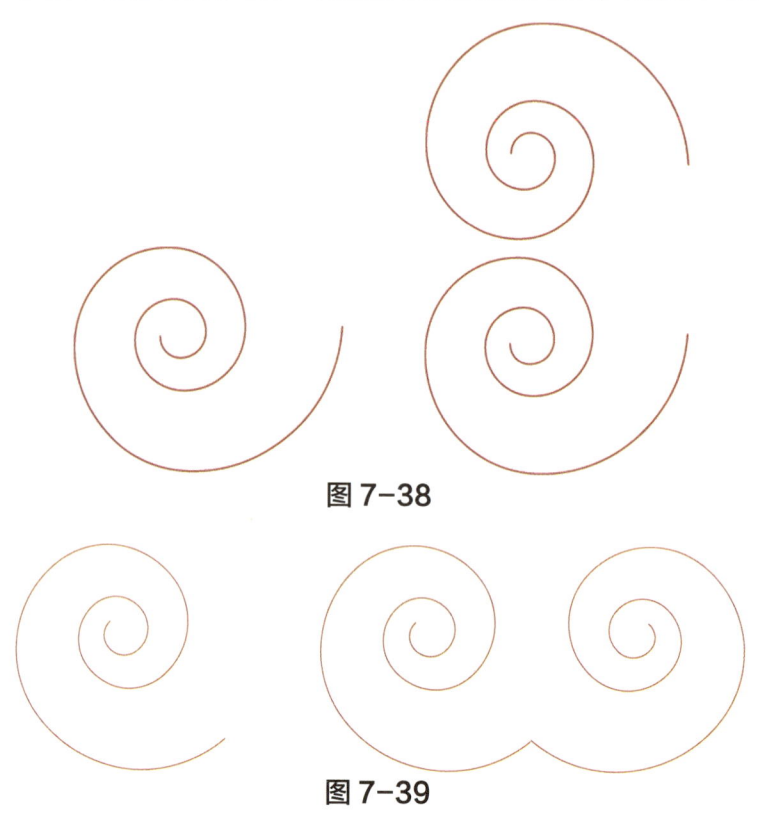

图 7-38

图 7-39

7.2.5 旋转工具

使用"选择工具"在图形窗口中选择需要旋转的图形，双击旋转工具，可对图形进行旋转，图 7-40 所示为利用旋转工具绘制的图案。

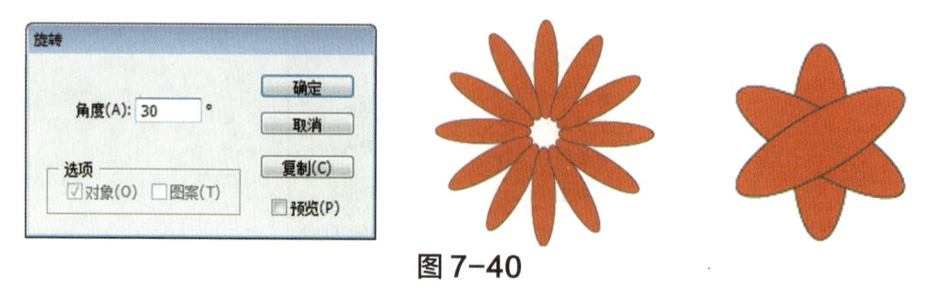

图 7-40

"旋转"对话框中各选项的含义介绍如下。

- 角度：用于设置旋转角度，其取值范围为 –360°~360°。
- 对象：选中该复选框，对选择的图形进行变换操作时，将变换整个图形对象。
- 图案：选中该复选框，对所选择的图形进行变换操作时，将变换图形中的图案部分。

图 7-41 所示为根据不同选项设置进行旋转的效果。

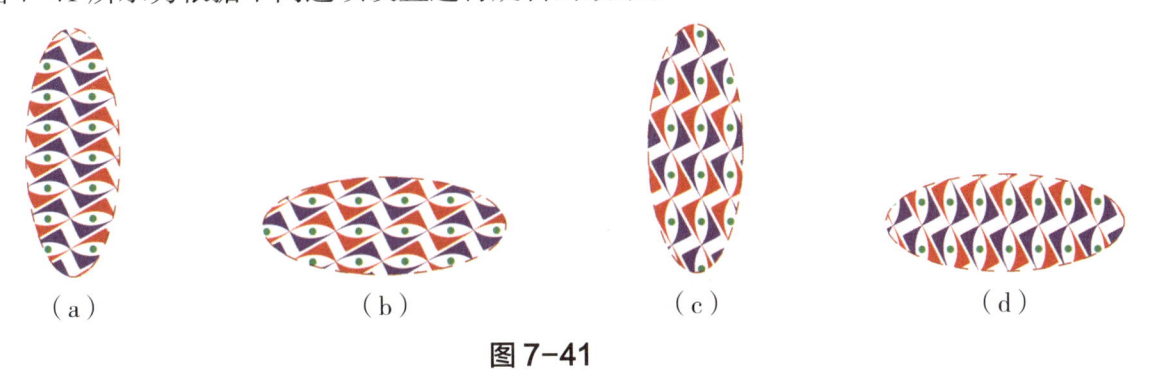

图 7-41
（a）原图；（b）仅旋转对象；（c）仅旋转图案；（d）对象与图案都旋转

7.3 实战演练

请结合本项目学习的"商场促销海报设计",运用所学的技能,制作如图 7-42 所示的亦凡百货海报。

图 7-42

[提示]:

(1)新建画布,高度为 297mm,宽度为 420mm。

(2)使用文字工具、符号工具、矢量素材及描边。

(3)"感恩大回馈"字体为"方正超粗黑简体",描边粗细为 1pt,描边样式为"干油墨 1"。

(4)"为感谢广大新老顾客长期以来对亦凡百货的支持与信赖,本超市特为各界新老朋友献上……大型 让利活动!"字体为"方正稚艺简体",填充颜色为(R:230 G:0 B:18),描边颜色为(R:234 G:85 B:20)。

(5)"百万特惠,感恩大回馈"字体为"方正综艺 GBK",填充颜色为(R:255 G:241 B:0);描边颜色为(R:230 G:22 B:115)。

(6)"2014 年 3 月 1 日至 4 月 1 日,亦凡百货各市场每天推出"字体为"方正琥珀 GBK",填充颜色为(R:230 G:0 B:18);描边颜色为(R:247 G:248 B:248)。

(7)"超多!超低价!特惠感恩商品!感恩巨献,史无前例!特惠风暴,席卷全城!百万让利,无与伦比!"字体为"方正超粗黑简体",填充颜色为(R:195 G:13 B:35),描边颜色为(R:247 G:248 B:248)。

(8)运用符号工具制作烟花、气球图案。

项目8
报刊杂志广告设计

[8]

[8]

● 本项目需要学习什么？

◇ 报刊杂志广告设计相关知识
◇ "世纪东方广告"设计制作
◇ 案例中采用的Illustrator选择工具与路径工具使用技法
◇ 在广告的内容设计上依托民族企业，彰显民族自信，提升民族自豪感。通过文化自信的建立，激发学习者的爱国情怀

● 如何学习好本项目的内容？

◇ 报刊杂志在生活中的用处极其广泛，在报刊杂志上发布广告可以提高企业和产品的知名度和曝光率，起到事半功倍的效果。在学习过程中可以收集报刊杂志上有特色、引人注目的广告进行整理，在课堂上与小组同学一起学习和欣赏。
◇ 通过学习资源，预习Illustrator选择工具与路径工具的使用技法，可以加深对案例中相关操作的理解。同时认真完成制作案例与拓展案例。

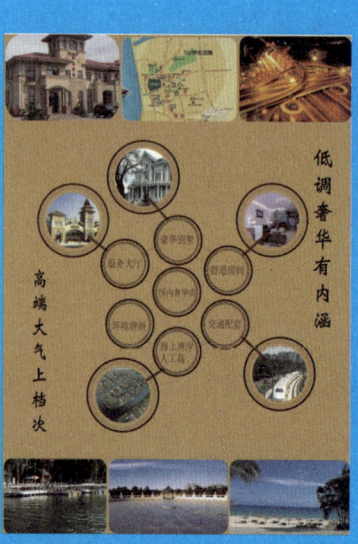

8.1 楼盘广告设计

项目背景介绍

本案例我们要制作的是一个楼盘广告的正面和背面，目的是宣传企业的房地产项目，制作时要注意各种宣传要素的选择和排列效果。尺寸规格为350mm×490mm，单页双面。

关键技术点

- 使用矩形工具和椭圆工具完成基本形状的绘制
- 使用剪切蒙版实现特殊效果
- 使用文本工具录入文字
- 使用多边形工具和椭圆工具绘制特殊形状

8.1.1 项目实施分析

1. 制作标准分析

本案例制作的是楼盘广告。本案例需要使用楼盘照片、景观照片等素材，在制作后期导入到宣传页当中。具体要求如下。

（1）主色为绿色（C：45 M：20 Y：55 K：0），配色为灰色（C：13 M：12 Y：17 K：0）和类金色（C：14 M：32 Y：69 K：0），如图8-1所示。

（a） （b） （c）

图 8-1

（a）主色；（b）配色；（c）配色

（2）中文字体为"创艺简隶书"，英文字体为"Adobe 宋体 Std L"，正面与背面同样大小。

（3）尺寸为 350 mm × 490mm，如图 8-2 所示。

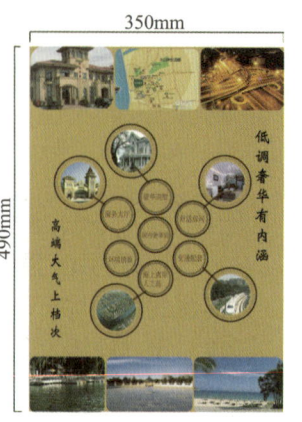

图 8-2

2. 制作主要流程

（1）认真理解客户的制作要求，做好设备、素材的准备工作。

（2）整理宣传页需要的素材。

（3）规划宣传页的配色参数和结构。

（4）绘制整体轮廓并添加出血。

（5）将图片素材导入并调整。

（6）添加文字图层。

（7）添加细节完善效果，完成制作。

（8）保存工程文件，导出 JPG 格式的效果预览图，交付客户审阅。

8.1.2 项目实施制作

1. 制作楼盘广告正面

01 根据报纸广告版面的大小，确定文件尺寸为 350mm × 490mm。按 Ctrl+N 组合键打开"新建文档"对话框。在该对话框中确定文件的尺寸，并选择颜色模式为 CMYK，为文件命名为"楼盘广告"，具体设置值如图 8-3 所示。效果如图 8-4 所示。

图 8-3　　　　　　　　图 8-4

| 项目8 报刊杂志广告设计 | 133

02 选择"矩形工具"■，绘制一个与页面一样大小的矩形（350mm×490mm），具体设置值如图8-5所示。

03 执行"文件"→"置入"命令，置入本书光盘中的素材，位置是"项目8\素材\楼盘效果图.psd"，如图8-6所示。

图 8-5

图 8-6

04 将效果图移动到合适的位置上，并屏蔽效果图中不需要的部分。再次选择"矩形工具"■，双击矩形工具，弹出"矩形"对话框，绘制与广告版面大小相同的矩形（350mm×490mm）。

05 使矩形位于效果图前面，同时选中矩形和效果图，执行"对象"→"剪切蒙版"→"建立"命令，将效果图位于版面之外的部分屏蔽掉；再次选中作为蒙版的矩形，在"颜色"面板中设置填充色为（C：13 M：12 Y：17 K：0），将矩形填充为灰色，如图8-7所示。

06 选择"矩形工具"■，绘制一个矩形，大小为9.8mm×65mm，颜色设为（C：90 M：30 Y：95 K：30），再绘制一个矩形，大小为9.8mm×62mm，颜色为黑色，将两个矩形依次排列在设计页面的下部，如图8-8所示。

图 8-7

图 8-8

07 在地图中使用较长的矩形代表道路，选择"矩形工具"■，绘制出5个黑色的矩形，3个垂直大小为6.8mm×29mm，一个水平大小为62mm×5mm，还有一个倾斜矩形，大小为86mm×11mm，将几个矩形依次排列在一起，表示道路的交错位置，如图8-9所示。

08 选择"椭圆工具"●，在最右边的道路的交叉点处绘制圆形，设置描边，描边粗细为2pt，在"颜色"面板中设置描边为白色，填充色为（C：16 M：46 Y：95 K：0）。

09 选中该圆形对象，分别执行"编辑"→"复制"和"编辑"→"粘贴"命令，复制出其他3个圆形并粘贴，调整大小，如图8-10所示。

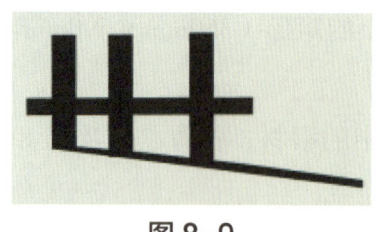

图 8-9 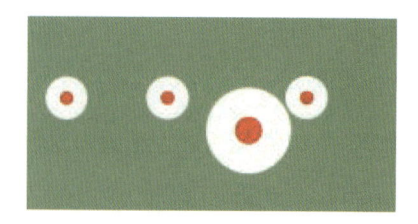　　　　　　　　　　　　　　　　图 8-10

10 将 4 个圆形分别放置到前面绘制的道路交叉点处，如图 8-11 所示。

11 选择"文字工具" [T]，在圆圈所在的地方添加如下文字，提示本楼盘在地图中的位置："新华路，光华路，本案，东华路"。其中"新华路和东华路"为竖排文本，"光华路和本案"为横排文本，具体排列位置如图 8-12 所示。

图 8-11 　　　　　　　　　　　　　　　图 8-12

12 调整文字字体为"创艺简隶书"，添加如下文字"世纪东方"，字号大小为 30pt，颜色为黑色。添加"——静享都市繁华 新锐生活核心"，字号大小 12pt，颜色为黑色，调整两行文字在设计图中的位置为左上部，如图 8-13 所示。

13 选择"文字工具" T，添加以下段落文字。设置字体为"黑体"，第一行颜色为黑色加白色底纹，其他行颜色为红色无底纹，字号大小为 10pt，位置为设计图中的右侧中间位置。效果如图 8-14 所示。

"精致小户型 BOBO 公寓 30-50 平米 首付 3 万起

地段优势——永恒价值优势

设计优势——生活质量优势

景观优势——生命健康优势

管理优势——生活品味优势

TEL：[8888 8888]

图 8-13 　　　　　　　　　　　　　　　图 8-14

14 在设计图的下方录入"开发商：世纪置业集团公司　策划推广：优创广告"，设置字体为"创艺简行楷"，颜色为浅灰色，字号大小为 14pt；在设计图的最下方录入"地址：北京市朝阳区光华路 399 号福海大厦 20 楼　邮政编码：100000 电话：（010）88888888　传真：

（010）66666666"，设置字体为"黑体"，颜色为白色，字号大小 8pt，设计图下方的文字排列效果如图 8-15 所示。

15 将各元素排列到一起并进行编组，形成最后的效果图如图 8-16 所示。

图 8-15

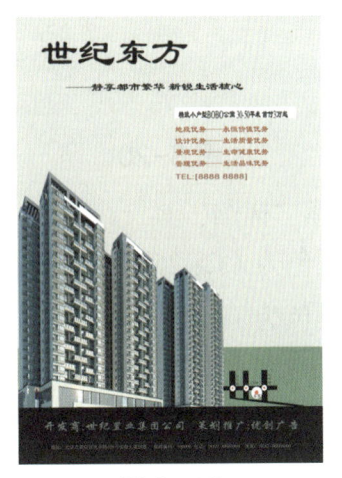

图 8-16

制作视频

2. 制作楼盘广告背面

01 按 Ctrl+N 组合键新建一个文件。根据报纸版面的大小，确定文件尺寸大小。本案例的尺寸大小与广告正面一致，为 350mm×490mm，如图 8-17 所示。

02 选择"矩形工具"，绘制一个和画布大小一样的矩形，尺寸为 350mm×490mm，背景颜色为（C: 25 M: 40 Y: 65 K: 0）。

图 8-17

03 选择"多边形工具"，绘制一个六边形，无填充颜色，设置描边颜色数值为（C: 30 M: 50 Y: 75 K: 10），如图 8-18 所示；打开"描边"面板设置虚线，如图 8-19 所示。

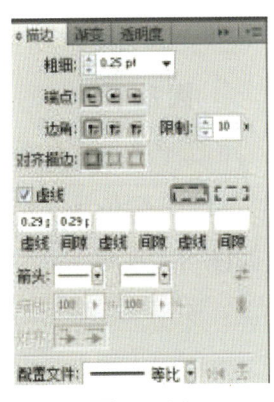

图 8-18

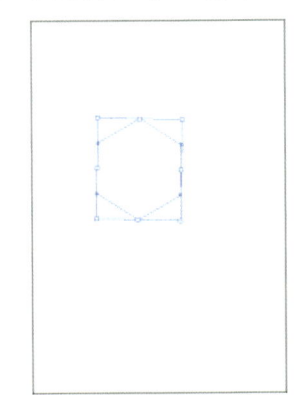

图 8-19

04 再绘制第二个多边形，将第二个多边形设置成实线，无填充颜色，设置描边粗细为 2pt。制作第三个多边形，设置数值同第一个多边形，然后等比例缩放，将三个多边形选中后居中对齐，如图 8-20 所示。然后加几条边角线，如图 8-21 所示。

图 8-20　　　　　　　　　　　　　　图 8-21

05 选择"椭圆工具"，绘制两个直径分别为 450mm 和 480mm 的正圆，描边粗细为 1pt；填充颜色为（C：25 M：40 Y：65 K：0）；再绘制一个直径为 580mm 的正圆，描边粗细为 2pt，填充颜色为（C：50 M：70 Y：80 K：50），三个圆的大小如图 8-22 所示；使用"选择工具"选中三个圆，打开"对齐"面板，如图 8-23 所示进行对齐设置；按 Ctrl+G 组合键编组，效果如图 8-24 所示。

图 8-22 　　　　　　　　　　　　　　图 8-23

06 选择编组后的圆，按 Ctrl+C 组合键进行复制，并且连续按 6 次 Ctrl+V 组合键，粘贴 6 个图形，按照图 8-25 所示放置在六边形的 6 个顶点处。

图 8-24 　　　　　　　　　　　　　　图 8-25

07 继续按 5 次 Ctrl+V 组合键粘贴 5 个圆形，调整大小，并按照图 8-26 所示排列。

08 选择"椭圆工具"，绘制一个直径为 450mm 的圆形，填充颜色为（C：25 M：40 Y：65 K：0），效果如图 8-27 所示；接着复制出 6 个小圆，位置如图 8-28 所示。

图 8-26　　　　　图 8-27 　　　　　图 8-28

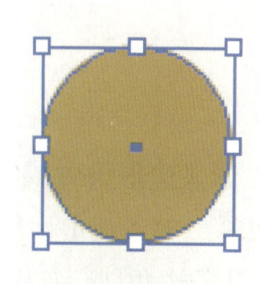

09 继续选择"椭圆工具" ◯，绘制出一个圆，设置值如图8-29所示，效果如图8-30所示，无填充颜色，执行"文件"→"置入"命令，置入素材，将所有素材都置入到各个圆内（素材名称依次为01.psd、02.psd、03.psd、04.psd、05.psd），如图8-31所示。最后按Ctrl+7组合键做一层剪切蒙版；按Ctrl+Alt+3组合键将背景显示出来，并将各个置入素材的圆排列好，效果如图8-32所示。

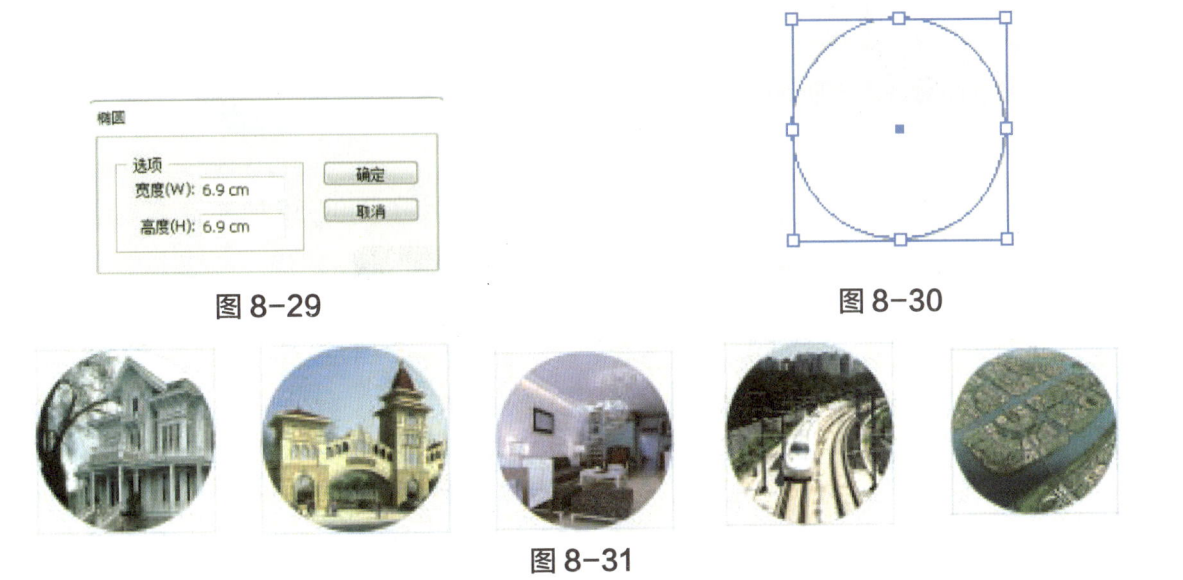

图 8-29

图 8-30

图 8-31

10 选择"文字工具" IT，在左右两侧加上相应的竖排文字"高端大气上档次"和"低调奢华有内涵"，字体为"方正简魏碑"，字号为26pt，圆内的文字为横排文字，字体为"宋体"，字号为12pt，效果如图8-33所示。

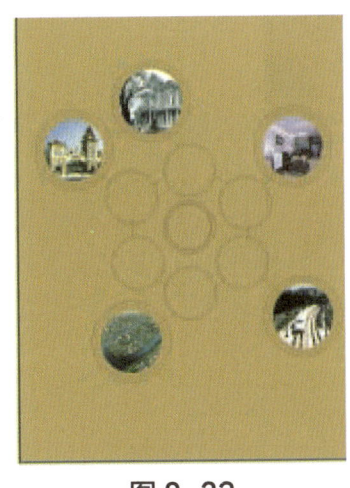

图 8-32

图 8-33

11 选择"圆角矩形工具" ▢，绘制一个110mm×90mm，圆角半径为4mm的圆角矩形，执行"文件"→"置入"命令，将所有素材都置入到各个圆角矩形内（素材名称依次为01.psd、02.psd、03.psd、04.psd、05.psd），然后按Ctrl+7组合键对绘制的圆角矩形与素材图片做剪切蒙版，效果如图8-34所示。

图 8-34

12 将所有元素在设计图上排列好，并进行编组，效果如图 8-35 所示。

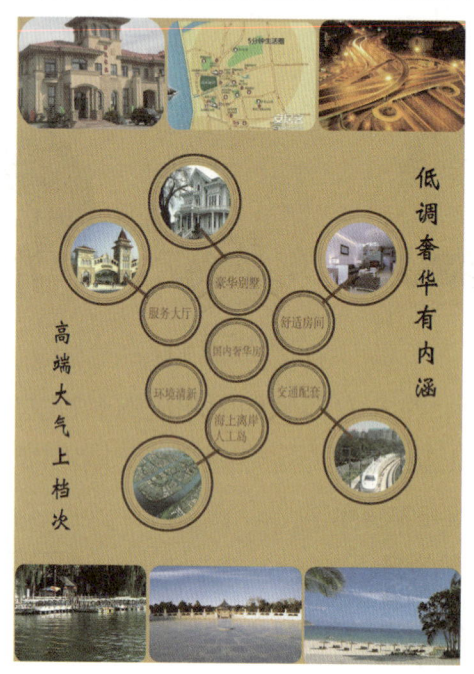

图 8-35

8.2 技能拓展

8.2.1 旋转对象

在 Illustrator 中，旋转工具的作用是旋转选中的对象。可以指定一个固定点或对象的中心点作为对象的旋转中心，使用鼠标拖拽的方法旋转对象。使用旋转工具还可以旋转对象的填充图或在旋转的过程中实现副本原对象的功能。

1. 自由旋转

在 Illustrator 中，对选中对象自由旋转的步骤如下。

01 如图 8-36 所示，使用"选择工具"选择需要旋转的对象。

02 单击工具箱中的"旋转工具"，将其选中。

03 经鼠标移动到绘图页面上，选择旋转中心，按下鼠标左键。

04 在选中的对象上拖拽鼠标将对象旋转，旋转到所需角度，松开鼠标即可，所示的就是对旋动对象进行旋转的效果，如图 8-37 所示。注意：当鼠标光标由十字形变成箭头时，拖拽才能旋转对象。

图 8-36  图 8-37

2. 精确旋转

对选中对象的精确旋转可按照如下步骤进行。

01 选中需要旋转的对象

02 双击旋转工具，或执行"对象"→"变换"→"旋转"命令，打开"旋转"对话框，如图 8-38 所示。

03 在该对话框中的"角度"文本框中输入一个数值。选中"预览"复选框，可以预览按照所输入角度旋转后的效果。

04 单击"确定"按钮，选中的对象即按输入的角度旋转 90°。旋转前和旋转后的效果如图 8-39 所示。

图 8-38

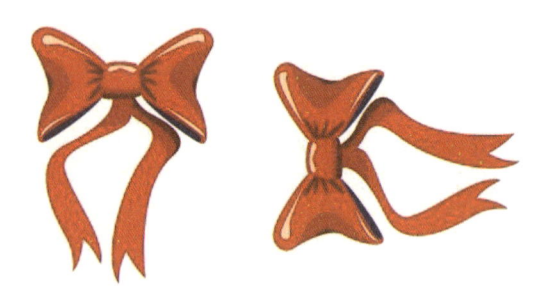

图 8-39

3. 旋转时复制

在旋转对象时，如果单击"旋转"对话框中的"复制"按钮，那么将对象复制后旋转，源对象不变。利用旋转时复制的功能，再结合"对象"→"变换"→"再次变换"命令，或者按 Ctrl+D 组合键，将选中的对象（见图 8-40）进行多次复制旋转，可以得到特殊的效果，如图 8-41 所示。

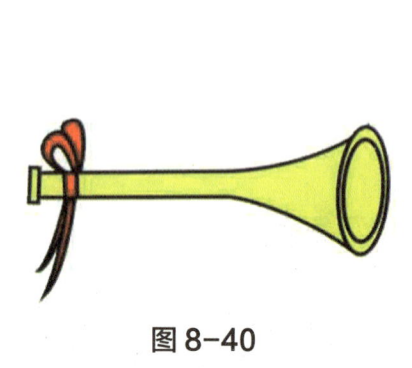

图 8-40

图 8-41

4. 旋转图案

通常图案和轮廓是一起旋转的，但有时希望仅仅对图案进行旋转操作，而对象不变。这时可以在"旋转"对话框中选中"图案"复选框，而取消选中"对象"复选框，旋转的仅仅是对象中填充的图案，旋转前和旋转后的效果如图 8-42 和图 8-43 所示。

图 8-42

图 8-43

注意：绘制图形后，使用色板中的图案进行填色即可获得带有图案的图形。

8.2.2 缩放对象

缩放操作会使对象沿水平方向（X轴）和垂直方向（Y轴）放大或缩小。作为基础的对象变换操作，通常所说的缩放有等比缩放和不等比缩放。要缩放对象，可以使用"定界框""比例缩放工具" 、"变换"面板和相应的变换命令来设置。

1. 使用"定界框"缩放对象

"定界框"是对象被选中后在其周围出现的由定界线和控制点组成的框形结构，如图8-44所示。使用"选择工具" 或者"自由变换工具" 可以控制这些控制点（控制手柄），以调节对象的大小或者旋转。图8-45所示为使用控制点进行对象旋转。

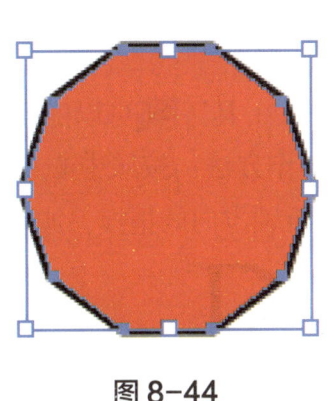

图 8-44 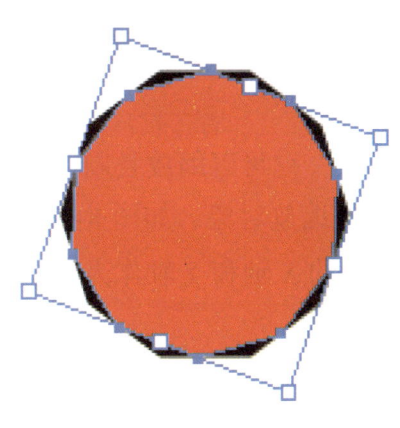　　　　　　　　　图 8-45

如果要防止误变形、旋转等操作，那么可以暂时将定界框隐藏。执行"视图"→"隐藏定界框"命令，或者按 Shift+Ctrl+B 组合键，即可将定界框隐藏，如图8-46所示。此时选中的对象只能进行移动，不能进行缩放和旋转操作。那么如果要显示定界框，可执行"视图"→"显示定界框"命令，如图8-47所示。

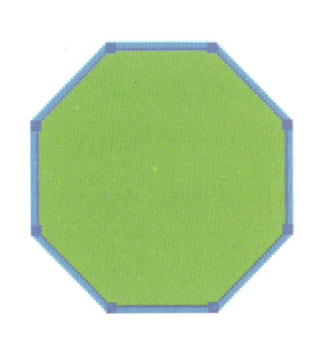

图 8-46 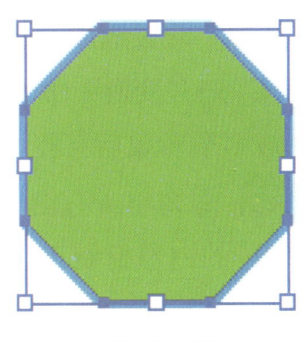　　　　　　　　　图 8-47

2. 使用"缩放工具"缩放对象

可以使用"比例缩放工具" 来随意缩放对象。首先使用"选择工具" 选中一个或多个对象，然后选择"比例缩放工具" ，在页面任意位置单击，以确定一个自定义缩放中心点，如图8-48所示。然后在文档窗口中的任意位置拖拽鼠标，直至合适大小，如图8-49所示。

图 8-48 　　　　　　　　　　　　　　图 8-49

在缩放对象时，按住"Shift"键，可以分以下两种情况来控制对象的缩放：

（1）拖拽时，如果朝着对角线方向，那么可约束对象按等比例缩放。

（2）拖拽时，如果方向为横向或纵向，那么可约束对象的缩放为横向或纵向拖拽对象到合适的大小。

按住"Alt"键可以缩放复制后的对象，使用"比例缩放工具" ，可以随意使对象沿 X 轴或 Y 轴方向缩放对象，如图 8-50 和图 8-51 所示。其操作方法：按照中心点（也叫参考点）确定位置的 X 轴和 Y 轴作为假想轴，进行正轴方向到负轴方向的拖拽，或者与之相反。

图 8-50 　　　　　　　　　　　　　　图 8-51

注意：在距离参考点较远的位置开始拖拽，将更加容易控制对象的缩放。

3. 使用"变换"面板缩放对象

执行"窗口"→"变换"命令，打开"变换"面板，如图 8-52 所示。

选中一个或多个对象后，在"变换"面板的"宽"和"高"文本框中输入数值，如果需要约束宽高比，那么单击右侧的"约束宽高比"按钮；如果需要更改参考点，那么单击"参考点"按钮中的白色控制点。如果要使描边和效果跟随对象一起缩放，那么在"比例缩放"对话框中选中"比例缩放描边和效果"复选框。如图 8-53 所示为图形描边跟随对象一起缩小的效果。

图 8-52 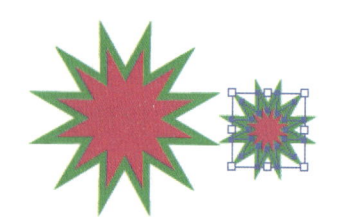　　　　　　　　　　　　　　图 8-53

（1）如果要从对象的中心位置进行缩放，那么可以选择"比例缩放工具"，或执行"对象"→"变换"→"缩放"命令，打开"比例缩放"对话框，如图8-54所示。

（2）如果要自定义参考点进行缩放，在"比例缩放工具"状态下，按"Alt"键单击任意目标参考点位置，可打开"分别变换"对话框，如图8-55所示。

图 8-54

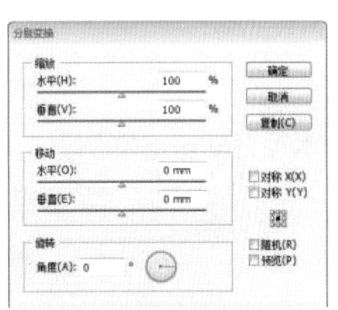

图 8-55

8.3 实战演练

请结合本项目学习的案例，运用所学的技能，制作如图 8-56 所示的杂志广告。

图 8-56

[提示]：

（1）新建文档，并设定宽度和高度，如图 8-57 所示。

（2）使用"旋转工具"制作出背景，参数设置如图 8-58 所示。

（3）按 Ctrl+D 组合键复制出一圈圆，如图 8-59 所示。

（4）将圆变形和调整。将所画圆圈的透明度降低，如图 8-60 所示。

图 8-57

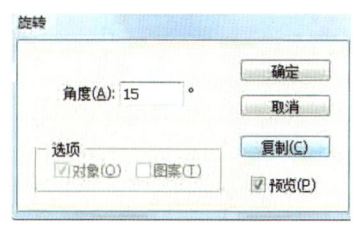

图 8-58

图 8-59

图 8-60

（5）导入素材图片，并添加相应的文字和背景颜色，如图 8-61 所示。

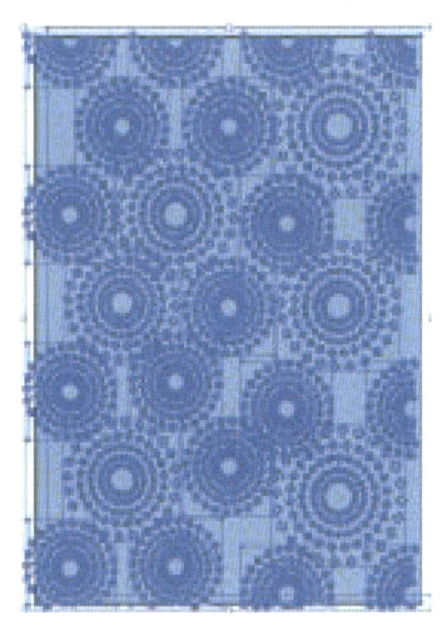

图 8-61